AF233972

V

MÉMOIRE

sur

LES CHEMINS A ORNIÈRES.

IMPRIMERIE

DE MADAME HUZARD (NÉE VALLAT LA CHAPELLE).

rue de l'Éperon, n°. 7.

MÉMOIRE

SUR

LES CHEMINS A ORNIÈRES;

Par MM. Léon COSTE,

Ancien Élève de l'École Polytechnique , Ingénieur au Corps royal
des Mines ;

et Auguste PERDONNET,

Ancien Élève de l'École Polytechnique et de l'École des Mines , Membre de
la Société Helvétique des Sciences naturelles.

PARIS,

BACHELIER, LIBRAIRE,

Quai des Grands-Augustins, n°. 55.

1830.

AVERTISSEMENT.

Cette Notice a été insérée dans la cinquième livraison des *Annales des Mines* pour l'année 1829.

Une partie des renseignemens qu'elle renferme ont été recueillis en Angleterre et en Écosse dans le courant de l'année 1828. L'étude des vastes et belles usines à métaux de la Grande-Bretagne, sur lesquelles nous ne tarderons pas à faire paraître une Collection de Mémoires, était le but spécial de notre voyage dans ce pays; mais nous ne pouvions manquer de porter aussi notre attention sur ces routes en fer, qui, si favorables à toute espèce d'industrie, doivent surtout contribuer puissamment en France aux développemens de celle dont nous nous occupons plus particulièrement.

A notre retour sur le continent, nous avons aussi visité les nouvelles voies dont le commerce attend, avec une si vive impatience, l'entier accomplissement.

Quelque incomplètes que fussent les données que nous avions rassemblées dans ces différentes excursions, nous avons pensé cependant que, dans un moment où le besoin d'améliorer notre système de communications intérieures était si généralement senti, il ne serait pas tout à fait sans utilité de publier des documens qui n'ont encore été réunis dans aucun ouvrage.

Jalou.. d'augmenter autant que possible l'intérêt de cette Notice, nous l'avons accompagnée d'extraits étendus de Mémoires ou Ouvrages anglais encore peu répandus en France; nous avons même omis les résultats de nos propres observations toutes les fois que nous les avons retrouvées dans les écrits d'hommes éclairés, sous les noms desquels ils pouvaient paraître avec bien plus d'autorité que sous le nôtre.

MM. Robert Stephenson de Liverpool, Nicolas Wood de Newcastle, et Grainger d'Édimbourg en Angleterre et en Écosse; MM. Seguin, Mellet, Henri et Thirion en France ont beaucoup facilité notre travail par l'extrême complaisance et le libéralisme avec lesquels ils nous ont aidés à étudier les chemins de fer confiés à leurs soins. Nous sommes heureux de pouvoir ici leur offrir un témoignage publique de notre reconnaissance.

MÉMOIRE

SUR

LES CHEMINS A ORNIÈRES (1);

OBSERVATIONS PRÉLIMINAIRES.

Tout le monde sait aujourd'hui ce que l'on entend par chemins de fer (*railways*), ou, plus

---

(1) Ce mot d'ornières entraîne ordinairement l'idée d'un creux. Dans ce cas, cependant, nous entendons par ornières des espèces de guides creux ou saillans que suivent les roues de chariots. Cette dénomination de routes à ornières est employée par le plus grand nombre des personnes qui s'occupent de cette nouvelle espèce de voies de communication : c'est pourquoi nous l'avons adoptée. Nous n'avons d'ailleurs pas trouvé de terme qui nous parût remplacer convenablement le nom d'ornières.

Les mesures dont nous ferons usage dans ce mémoire sont :

Le pied anglais $=$ 12 pouces anglais $=$ 0^m,3047.

Le pouce $=$ 8 lignes $=$ 0^m,0254.

Le yard $=$ 3 pieds.

Le mille anglais $=$ 1760 yards $=$ 1608^m,774.

L'acre anglaise $=$ 4043$^{m.c.}$,99.

La livre anglaise $=$ 0k,4531.

Le quintal $=$ 112 livres $=$ 50,747.

La tonne $=$ 20 quintaux $=$ 1014,94.

Le chaldron de Newcastle $=$ 53 quint. $=$ 20689,59.

Le penny (au pluriel pence) $=$ 0 fr. 10 cent.

Le shelling $=$ 12 pences $=$ 1 fr. 26 cent.

La livre $=$ 20 shellings $=$ 25 fr. 15. cent.

généralement, chemins à ornières. Nous ne pensons pas qu'il soit nécessaire d'en donner une explication. Écrire un traité complet sur leur construction et les machines dont on se sert pour les parcourir serait une tâche au dessus de nos forces. Nous nous bornerons donc à réunir dans ce Mémoire quelques renseignemens que nous avons recueillis en Angleterre et que nous croyons être peu connus. Nous en publierons d'autres qui nous ont été communiqués en France par les ingénieurs des nouvelles routes en fer que l'on y établit, et que nous avons toutes visitées. Enfin, nous y joindrons des données extraites des meilleurs ouvrages qui s'occupent des chemins à ornières, au moyen desquelles on classera et comprendra plus aisément les résultats ou dessins que nous avons rapportés de nos voyages.

Les routes à ornières, construites d'abord dans le voisinage d'établissemens d'industrie pour faciliter les transports aux grandes routes, après s'être ainsi répandues considérablement en Angleterre, comme voies auxiliaires, ont fini par devenir elles-mêmes routes principales. On en a aussi établi sur plusieurs lignes en France, en Autriche, en Prusse, aux États-Unis, et un grand nombre sont en projet. Elles paraissent donc devoir acquérir un haut degré d'importance pour

tous les pays en général, et offrir plus particulièrement des avantages incalculables à nos usines
et nos exploitations de mines, en multipliant les
débouchés, en rapprochant les distances entre
les matières premières et le combustible et en
employant, pour leur propre construction, les
produits de nos forges et de nos fonderies.

COUP-D'OEIL HISTORIQUE.

On sait qu'il existe trois espèces de chemins à
ornières, connus sous les noms de chemins *à ornières plates*, chemins *à ornières creuses*, et chemins *à ornières saillantes*.

Les premières routes à ornières, qui, d'après
M. Wood(1), furent établies, vers le commencement du dix-septième siècle, dans le voisinage
de Newcastle-sur-Tyne, pour le transport de
la houille aux principales chaussées ou aux canaux, furent en bois et à ornières saillantes. On
ne tarda pas à fixer sur le bois des bandes de fer
dans les parties où le frottement était le plus
grand; peut-être même se servit-on déjà, à
une époque assez éloignée, de chemins entière-

Historique
des ornières.

---

(1) *A practical treatise on Rails-roads.* By Nicholas
Wood. London: Knigt and Lacey, 1825, p. 33 et suiv.

ment construits de cette manière. Ce n'est cependant que vers 1767 que l'on employa la fonte seule à la place du bois. Les premiers essais eurent lieu à Colebrookdale en Shropshire, et les premières ornières en fonte furent des bandes plates, avec un simple rebord pour maintenir les roues sur la ligne du chemin. On sentit néanmoins bientôt l'avantage des ornières saillantes, et on y revint. On substitua, en 1805, à la houillère de Walbotle près Newcastle-sur-Tyne, le fer malléable à la fonte ; mais ce n'est que depuis peu d'années que l'usage du métal raffiné s'est répandu.

Historique de la puissance motrice.

On n'employa, dans l'origine, comme puissance motrice que les chevaux.

En 1788 seulement, on imagina d'aider la marche des chariots montant le long des plans inclinés, en faisant agir sur eux, par l'intermédiaire d'une poulie, le poids des chariots descendans.

Machines fixes.

De 1808, datent, suivant M. Wood, les premières tentatives que l'on fit pour se servir de la vapeur. Des machines stationnaires, placées au haut des collines, firent tourner un treuil, sur lequel s'enroulait une corde fixée par une de ses extrémités aux chariots qu'il fallait élever.

Machines locomotives.

En 1811, on vit les premières machines locomotives, dont Watt, d'abord, puis Woolf et

Trevithick, avaient eu l'idée sans l'avoir appliquée ; elles consistent en une machine placée
sur un chariot, qui en fait tourner immédiate-
ment les roues de manière à le mettre en mouvement par la réaction du frottement. Après plusieurs essais infructueux, elles ont fini par devenir susceptibles d'un emploi assez général sur
les routes de niveau ou très peu inclinées.

Tel est l'abrégé historique des principaux développemens qu'a reçus la branche de l'art de
l'ingénieur dont nous nous occupons ; d'autres
perfectionnemens ont aussi eu lieu, mais ils se
sont faits graduellement, de sorte que l'on ne
peut aisément fixer l'époque à laquelle ils furent
introduits, ou bien ils sont de moindre importance. On a modifié la forme des rails, changé les
moyens de les attacher au sol, déterminé le tracé
du chemin d'une manière plus conforme au but
de cette espèce de route et à la nature des moteurs qu'on y emploie ; enfin, on a construit les
chariots sur de meilleurs plans, etc., etc. Nous
tâcherons, par la suite, de fixer exactement le
point où l'on est arrivé.

Les principales routes en fer sur lesquelles
nous avons recueilli nos observations en Angleterre sont celles de Liverpool à Manchester, des
environs de Glasgow, des houillères de Newcastle-
sur-Tyne, de Dudley à Stourbridge. Nous don-

nerons aussi quelques renseignemens qui nous ont été communiqués sur la route de Darlington à Stokton.

Le tracé des routes en fer étant, ainsi que nous venons de le dire, en relation avec la nature des moteurs, nous ne pouvons en parler qu'après avoir traité de ceux-ci. Nous allons donc, supposant la direction déterminée, nous occuper de suite de la construction.

Les *rails*(1) étant employés même pour les travaux de terrassement, nous commencerons par les décrire.

NATURE ET FORME DES RAILS.

Généralités.

Ornières plates. Les ornières entièrement plates (*plate-rails*), c'est à dire sans aucun rebord, existent dans un petit nombre de localités où toutes espèces de voitures doivent passer et se croiser. Ainsi, on en

---

(1) *Rail* est un mot par lequel on désigne en anglais les pièces en bois ou barres de métal, qui, placées à la suite les unes des autres sur des lignes parallèles, forment les ornières du chemin. Cette expression étant passée dans notre langue, nous l'emploierons comme synonyme avec celle d'ornière.

voit en Écosse dans les rues de Glascow, en Italie à Milan, etc. Elles paraissent susceptibles d'être employées, surtout aux montées, où elles peuvent servir aux chariots ascendans, tandis que ceux qui descendent suivent le chemin ordinaire.

Les ornières plates à rebord sont assez communes dans l'intérieur des mines, et même on en voit encore un assez grand nombre à l'extérieur, dans leur voisinage, et auprès des usines. En Allemagne, elles sont presque exclusivement en usage.

Les ornières creuses ont été partout abandonnées.

Les ornières saillantes (*edge-rails*) enfin sont préférées sur toutes les routes de quelque étendue, et l'on sent que la facilité avec laquelle elles sont entretenues dans l'état de propreté leur assure la supériorité sur toute espèce d'ornières plates ou creuses. Il paraît aussi, d'après les expériences de M. Wood, que le frottement sur les routes à ornières plates est plus grand que sur les routes à ornières saillantes, dans le rapport de 75 à 63.

Les ornières en bois ont été presque généralement abandonnées ; on en établit cependant assez communément dans l'intérieur des mines de houille de Silésie sur des plans inclinés, où le transport de ce combustible n'a lieu qu'à la descente ; elles peuvent aussi servir avec avantage à l'exploitation des forêts et remplacer les canaux de flottage.

Un cheval ne traîne en plaine, sur une route en bois, qu'un peu plus du double de ce qu'il transporte sur une route ordinaire, et environ le quart de ce qu'il peut trainer sur une route en fonte ou en fer.

Comparaison entre les rails en fonte et les rails en fer malléable.

Si la fonte l'a aisément emporté sur le bois pour la fabrication des rails, ce n'est pas sans peine qu'elle a cédé au fer malléable; encore est-elle défendue par quelques ingénieurs. Le fer malléable se montre cependant aujourd'hui sur toutes les nouvelles routes de la Grande-Bretagne, et parmi celles établies dans ces dernières années, nous n'en avons vu qu'une seule de quelque étendue, construite en fonte ; elle existe, pour le service de plusieurs houillères, dans le voisinage de Newcastle-sur-Tyne, et a été posée sous la direction de M. l'ingénieur Thomson. Les nouvelles routes de Saint-Etienne à Lyon et d'Andrezieux à Roane seront également en fer malléable, à ornières saillantes ; celle de Saint-Étienne à Andrezieux est en fonte.

Les chemins en fer malléable coûtent moins que ceux en fonte, car si le quintal de fer est plus cher que celui de fonte, comme la ténacité de ce métal permet d'en fabriquer les rails plus légers que ceux en fonte, il arrive que, tout compensé, une certaine étendue de route en rails de fer malléable revient à un prix moins élevé qu'une ligne de même longueur en rails de fonte : cela est vrai pour la France comme pour l'Angleterre.

Le fer malléable a ce grand avantage sur la fonte, qu'il ne se casse ni ne se ronge comme elle. Nous avons vu des chemins de fonte aux environs de Newcastle-sur-Tyne, après vingt ans de service, à moitié rongés et couverts d'inégalités qui en augmentaient considérablement le frottement : celui de Saint-Étienne à la Loire, quoique en activité seulement depuis peu de temps, et bien que l'on en rechange chaque année un certain nombre de rails devenus incapables de servir, a beaucoup souffert dans les parties courbes.

Les rails en fonte, se composant d'une croûte extérieure durcie par le refroidissement rapide qu'ils ont éprouvé lorsqu'on les a coulés, et d'une partie intérieure plus tendre, dès que la croûte extérieure est usée ou brisée, la partie intérieure se détruit rapidement.

Les rails en fer forgé étant susceptibles d'être fabriqués plus longs que ceux en fonte, cela diminue, sur les chemins en fer, le nombre des joints, et par conséquent les causes de cahots.

On avait reproché au fer malléable de s'oxider plus aisément que la fonte, de se laminer et de

plier. On a reconnu que si, conformément aux
théories chimiques, le fer s'oxidait plus aisément que la fonte lorsque les rails étaient jetés
en tas sur les bords de la route, ou lorsque, étant
en place, on les employait rarement, il n'en était
plus de même lorsqu'ils servaient sur un chemin très fréquenté, soit que l'oxidation fût pré-
venue par le frottement des chariots ou l'é-
branlement auquel ils donnaient lieu, soit par
toute autre raison. Nous avons vu quelques rails
en fer malléable qui avaient souffert par ex-
foliation. On nous a assuré cependant, dans
divers endroits, que les rails de bonne qualité ne
paraissaient pas, après plusieurs années d'usage,
éprouver les effets de cette cause de destruction.

Portés sur des supports également éloignés,
les rails en fer malléable plient sous une plus
faible charge que les rails en fonte; mais, en rapprochant les points d'appui convenablement, on
pare à cet inconvénient. D'après les expériences
de M. Wood, les rails en fonte de bonne qualité,
fixés à des coussinets distans de 4 pieds, ne supportent pas un poids dépassant six tonnes sans
se briser; ceux en fer malléable, lorsque les coussinets sont à 3 pieds l'un de l'autre, perdent leur
élasticité sous une pression qui est aussi de près
de six tonnes.

Nous n'avons pas vu en Angleterre d'ornières en bois et fer ; elles ne peuvent être avantageuses que dans les pays où le bois est très bon marché et le fer très cher : aussi est-ce la réunion de ces deux dernières conditions qui les a fait adopter pour une route de la longueur de 38 $\frac{1}{3}$ milles anglais (62 kilom.), entre la Moldau et le Danube, construite dernièrement par M. A. de Gerstner, et pour de nouvelles voies de communication que l'on se propose d'établir sur une très grande étendue de pays dans les États-Unis d'Amérique. Nous pensons que ce genre de chemins est surtout à conseiller lorsqu'au bas prix du bois et au prix élevé du fer se joint la circonstance d'un transport peu considérable. On en a construit un, à très peu de frais, sur une longueur de 300 mètres, auprès de Saint-Étienne, pour le service d'une houillère ; il aboutit à la route en fonte de Saint-Étienne à Andrezieux.

Ornières en bois et fer.

Rails en fer malléable.

Les rails généralement adoptés en Angleterre pour les chemins en fer malléable (Glasgow, Liverpool, Dudley, Darlington) ont la forme indiquée par les *fig.* 1, 2 et 3, Pl. I.

On voit que le rail s'élargit dans sa partie supérieure ; c'est sur la surface *ab*, bien unie, que

Forme et dimensions des rails généralement adoptés en Angleterre.

2.

frottent les roues des chariots. Si cette surface était trop étroite, le rail formerait, ainsi qu'on l'a éprouvé, des enfoncemens ou cannelures dans les jantes de roues des chariots. A la partie inférieure du rail est un bourrelet *cd*, qui s'étend dans toute sa longueur, diminuant ou augmentant de hauteur avec lui; ce bourrelet sert à fixer l'ornière au sol par l'intermédiaire d'autres pièces dites *chairs*, comme nous l'expliquerons plus loin, et lui communique une plus grande force de résistance. La hauteur du rail est la moindre aux points s et s', par lesquels la bande de fer repose sur des appuis; elle croît entre deux, proportionnellement à l'effort qu'exercerait un poids appliqué successivement à chacun des points intermédiaires : d'où il suit que la courbe $soro's'$ est une ellipse (1).

Mode de fabrication de ces rails. Nous avons vu fabriquer cette espèce de rails chez MM. Losh Wilson et Bell, près de Newcastle.

On reçoit le fer du Staffordshire ou du pays de Galles en barres plates d'environ 15 pieds de longueur et de 4 à 5 pouces de largeur et 1 pouce d'épaisseur ; on le coupe en morceaux de 20 pouces de longueur. On réunit quatre de ces mor-

---

(1) Voyez le résumé des leçons données à l'École royale des ponts et chaussées, par M. Navier, première partie, page 274.

ceaux, on les réchauffe dans un four à réverbère, puis on passe les paquets, d'abord sous un dé-grossisseur à grandes cannelures ovales, puis sous un système de cylindres, qui les convertit en une barre carrée d'environ 20 lignes de côté et 7 à 8 pieds de longueur; celle-ci, enfin, est immédiate-ment étirée sous des laminoirs, qui lui donnent la forme des rails.

Le fer reçoit d'abord dans des cannelures A et B la forme d'un rail, qui aurait même hauteur dans toute sa longueur.

La surface de la cannelure, qui forme le plan supérieur *ab, fig.* 1, 2 et 3, Pl. I du rail, est verti-cale et perpendiculaire aux axes des laminoirs; les parties de la cannelure qui forment les surfaces latérales sont conséquemment parallèles à ces axes et horizontales : c'est pourquoi nous dirons que le rail, lorsqu'il passe dans les cannelures A et B, est couché sur le côté. Après l'avoir étiré dans la cannelure A, on le retourne pour le passer dans la cannelure B, en sorte que sa face latérale, qui avait été précédemment en contact avec le cylin-dre supérieur, soit cette fois-ci en contact avec le cylindre inférieur et réciproquement. Posant en-suite le rail verticalement, c'est à dire dans la même position où il se trouve lorsqu'il est établi sur le chemin, on le passe par une troisième cannelure C. Cette cannelure est de forme particulière, la *fig*. 4 en donne une section par un plan vertical mené suivant les axes des laminoirs. Les surfaces, dont *ab* et *a'b'* représentent des coupes, sont cylindriques, comme ordinairement; mais l'une d'elles, la surface *a b*, est concentrique avec le cylindre-laminoir auquel elle appartient, et l'autre, excentrique avec le cylindre inférieur. Il suit de là que lorsque les laminoirs marchent, la distance *dd'* entre les surfaces *ab* et *a'b'* varie constamment, et leurs dimensions, ainsi que la position de l'axe du laminoir inférieur, sont combinées de telle manière que chaque tour donne à une partie de l'arête inférieure du rail la forme courbe qu'il faut produire : ainsi, le rail ayant 15 pieds de longueur et la distance entre les minimums de hauteur étant 3 pieds, les laminoirs feront cinq tours, tandi. que la barre. entière passera une seule fois. Vis à vis de la cannelure C, du côté par lequel sort la barre, est un guide que l'on fait constamment appuyer et frotter contre le cylindre inférieur au moyen d'un contre-poids P, *fig*. 5. Le rail est enfin étiré dans deux dernières cannelures D et E, en étant couché sur le côté comme lorsqu'on l'a passé par les cannelures A et B. Les cannelures D et E ont pour largeur la plus grande hauteur du rail, et elles sont creusées de manière à en former le bourrelet.

Cette opération d'étirage en rails ondulés paraît difficile, et elle nuit souvent à la qualité du fer. On voit cependant qu'il y a, en définitive, économie à ne pas se servir de rails d'égale hauteur, puisqu'alors celle-ci devrait être la même que la hauteur maxima des rails ondulés, et que, par conséquent, on augmenterait le poids de la matière première sans nécessité. L'expérience a d'ailleurs prononcé sur cette question ; car partout en Angleterre on adopte maintenant la nouvelle espèce de rails, quoique le brevet en augmente le prix.

Sur les nouvelles routes en fer de France, on a cependant choisi les rails d'égale épaisseur. Les *fig.* 6 et 7 sont des coupes des rails du chemin de Saint-Étienne à Lyon, ceux du chemin de MM. Mellet et Henry sont semblables.

Les rails français sont laminés, dans les usines du Creusot et de Terre-Noire, de la même manière que les rails anglais ; seulement la forme des rails français rend l'opération plus simple.

Le fer employé pour la fabrication des rails du grand chemin de Liverpool à Manchester, et qui sort en partie de l'usine de Pen-y-Darran, est du fer n°. 2. (Voyez un Mémoire sur la fabrication du fer, *Annales des Mines*, 4e. livraison de 1829, page 29.)

La longueur des rails anglais en fer malléable

est de 15 à 18 pieds ; il convient de les faire le plus longs possible, afin de diminuer le nombre des joints. On a proposé de les souder ensemble sur place ; nous n'avons vu cependant ce procédé employé nulle part. Les autres dimensions sont données par les *fig.* 1, 2 et 3 ; la distance entre les points d'attache est de 3 pieds ; la largeur de *ab* est de $2\frac{1}{4}$ à $2\frac{1}{2}$ pouc., ou quelquefois seulement 2 pouc.

Poids par yard ou par mètre des différentes espèces de rails.

Le poids par yard de longueur, pour les routes en fer de la seconde classe (Glasgow, Dudley), est. . . . . 28 livres : cela fait, par mètre. . . . . 13,78 kilog.

Pour les routes en fer de première classe (Liverpool). . . . . 35 livres : cela fait, par mètre.. . .. . 17,35 kilog.

Les rails de la route de St.-Étienne à Lyou out

	p.	p°.	métr.
Hauteur.	»	3	0,075
Largeur à la partie sup..	»	2	0,050
Longueur.	15	»	4,570

Le poids par yard, environ $26\frac{1}{2}$ livres : cela fait, par mètre.... .... 13 kilogrammes.

Chaque bande sera soutenue par cinq supports.

Les rails de la route d'Andrezieux à Roanne auront 5 mètres de longueur ; ils pèseront aussi 13 kilog. par mètre, mais ils seront posés sur six supports.

Les rails doivent, avant d'être employés, subir certaines épreuves. Nous avons vu, à l'usine de Pen-y-Darran, près Merthyr (pays de Galles), essayer des rails en fer malléable pour la route de Liverpool. On les plaçait pour cela sur des appuis éloignés de 3 pieds, et on leur faisait porter un chariot à quatre roues contenant dix-huit tonnes. Admettant que dans ces dix-huit tonnes on n'ait pas compris le poids du chariot, nous aurons environ cinq tonnes de pression au point de contact de chaque roue sur le rail. Les chariots dont on compte se servir sur ces rails ne pèsent pas, avec leur charge, au delà de trois tonnes; mais les machines locomotives, qui seront aussi à quatre roues, pèseront probablement, y compris l'eau et le charbon nécessaires à la chaudière, de huit à dix tonnes.

Essais des rails du chemin de Liverpool.

Les rails du chemin de fer d'Andrezieux à Roanne devront, étant posés sur des supports éloignés de $0^m,90$, recevoir, sans se briser ni se gercer, le choc d'un poids de 2,000 kil. tombant de la hauteur de $0^m,70$. La face de cette masse de 2,000 kilogrammes, frappant sur le rail, doit présenter une superficie de $0^m,20$, et le rail, pliant à la suite de cette épreuve, doit pouvoir se redresser à froid.

Essais des rails du chemin d'Andrezieux à Roanne.

L'épreuve que l'on fait subir aux rails, en les chargeant d'un certain poids, leur nuit moins que celle à laquelle on les soumet lorsqu'on les essaie par le choc; mais il est bon d'observer qu'ils doivent résister aux effets des cahots aussi bien qu'à ceux de la pression de chariots : ce qu'il y a de mieux à faire du reste est de ne pas éprouver tous les rails dont on veut se servir, mais seulement quelques uns, pris au hasard parmi ceux qui ont été fabriqués avec le même fer et par le même procédé.

Rails en fonte.

Forme et dimensions des rails en fonte. Les rails en fonte sont de forme diverse : les meilleurs ont une forme analogue à celle des rails en fer malléable; ils s'élargissent, comme eux, à la partie supérieure, et prennent aussi à la partie inférieure la courbure d'une ellipse, dont le sommet est également éloigné des deux points d'appui. Ils n'ont généralement que 4 pieds anglais de longueur; ce qui est aussi la distance entre les supports. On les coule ordinairement de seconde fusion.

Les dimensions des rails du chemin en fonte établi récemment par M. Thomson aux environs de Newcastle, et celles des rails du chemin de Saint-Étienne à Andrezieux, sont les suivantes :

	Chem. Th.			Chem. de St.-Ét.		
	p.	p°.	mèt.	p.	p°.	mèt.
Plus grande hauteur.	»	4	0,10	»	4	0,10
Larg. à la partie supérieure.	»	1 1/2	0,04	»	2	0,05
Longueur	4	»	1,22	4	»	1,22
	par yard.	p. mèt.		p. yard.	p. mèt.	
Le poids en est.	42 l.	20^k,82		43 liv.	21^k,66.	

On fait à l'usine de Horseley, dans le Stafford- Essai d-s rails en fonte.
shire, des rails en fonte pour les mines ou usi-
nes, de deux espèces. Les uns, pesant 56 livres
par yard, sont soumis à un essai de quatre tonnes
de pression sur chaque roue ; les autres, du poids
de 84 liv. par yard, supportent jusqu'à sept
tonnes.

M. Wood pense que l'on ne doit pas faire porter habituellement aux rails en fonte un poids
qui dépasse le tiers de celui sous lequel ils se
brisent, mais que l'on peut exposer les rails en
fer malléable à l'effet d'une charge qui se rappro-
che beaucoup plus de la limite de leur élasticité.

Rails en bois et en fer.

Dans les ornières en bois et en fer, les bandes Forme et dimensions des ornières en bois et fer.
de métal sont liées aux solives par des clous ou
vis à tête perdue.

Dans le chemin de la Moldau :

	p.	p°.	mèt.
La largeur des bandes de fer est de.	»	2	0,05
Leur épaisseur.	»	¹/₃	0,01
La longueur de chaque bande.	18	»	5,48

Le bois est du pinastre, du pin ou du sapin.
Les rails, soit en fer, soit en fonte, sont fixés au

moyen de pièces en fonte appelées en anglais *chairs*, et en français *siéges*, *coussinets* ou *supports*, qui se lient elles-mêmes à de gros dés en pierre placés de distance en distance sur la ligne des ornières. Afin d'éviter les répétitions, nous ne décrirons ces siéges ou coussinets que lorsque, dans le paragraphe suivant, nous expliquerons la manière dont les rails s'y attachent.

TRAVAUX DE TERRASSEMENS ET POSE DE RAILS.

Nous avons eu occasion d'étudier ces travaux sur une nouvelle route en fer, près de Glasgow. D'après les renseignemens que nous avons recueillis, le même procédé a été suivi sur toutes les autres routes en fer de la Grande-Bretagne.

Le tracé étant terminé, il faut premièrement niveler le terrain; quelquefois même, lorsqu'on a à passer des marais, comme c'est le cas entre Manchester et Liverpool, il est, avant tout, nécessaire d'assécher le sol par des saignées.

Nous n'avons pas à entrer dans le détail des travaux de terrassemens, puisque l'on suit, à cet égard, les mêmes procédés pour les chemins de fer que pour les routes ordinaires.

Établissement des lignes. Les lignes de rails provisoires ne sont pas posées, pour le transport des déblais, sur tous les terrains à la même distance. Dans les terrains fermes, on les établit comme elles doivent l'être ensuite définitivement, à $4\frac{1}{2}$ pieds de distance, et on maintient les rails à l'aide de simples traverses en bois. Dans les terrains tourbeux, on les éloigne seulement de $3\frac{1}{2}$ pieds, et on attache les rails à des traverses en bois, qui elles-mêmes reposent sur des planches couchées suivant la même direction que les rails.

Les chariots pour emmener les déblais ne sont pas semblables à ceux employés sur les routes en fer lorsqu'elles sont achevées. Ceux dont on se sert lorsque les rails sont éloignés de $4\frac{1}{2}$ pieds contiennent 2 yards cubes (environ 2^{m} cubes), pesant environ $2\frac{1}{2}$ tonnes. Ils sont de deux espèces : les uns versant par derrière, *fig.* 8, Pl. I, les autres de côté, *fig.* 9 ; les premiers servent à jeter les déblais à l'extrémité de la route pour la continuer, les seconds à les répandre sur les côtés pour former les talus. On peut y atteler le cheval indifféremment devant ou derrière.

Si les lignes de rails ne sont éloignées que de $3\frac{1}{2}$ pieds, on se sert de chariots ne contenant que 1 yard cube, mais d'ailleurs de même construction que les précédens.

La *fig.* 10 donne la section des remblais de la route en fer près de Glasgow ; la *fig.* 11, des remblais de la route de la Moldau. On voit que, dans ce dernier cas, on a construit un petit muraillement en pierre sèche au centre du remblai, pour parer à l'inconvénient du tassement. Ce muraillement remplit son but, mais est dispendieux.

La pose des rails a lieu sur remblais ou sur un terrain solide que l'on a seulement aplani. Nous allons la décrire dans la première hypothèse.

Après avoir nivelé et suffisamment affermi le sol, on détermine les lignes parallèles entre lesquelles est compris le chemin, c'est à dire la projection horizontale de chacune des lignes qui partagent les ornières en longueur par le milieu. De 3 en 3 pieds ($0^m,91$), on marque des points qui correspondent aux attaches des rails, et l'on pose de gros dés parallélipipèdes en pierre, dont l'axe vertical doit se confondre avec la perpendiculaire à l'horizon élevée de chacun de ces points. Ces dés, dits en anglais *stones*, sont tous de mêmes dimensions. Il importe surtout que leur surface supérieure soit bien dans un même plan horizontal. Chacun de ces blocs est percé de deux trous verticaux symétriquement placés, et dont les axes sont dans un même plan perpendiculaire à la direction du chemin, et passant par l'axe du dé. On remplit ces trous avec des chevilles de bois; sur le dé on pose une petite pièce en fonte nommée *coussinet* (*chair*) (1). La *fig.* 12

____

(1) Nous adopterons dorénavant constamment cette

offre une coupe de ce coussinet et du rail en place par un plan perpendiculaire à la direction du chemin, et passant par l'axe du dé ; la *fig.* 13 en est une projection sur un plan horizontal. Le rail, dans la *fig.* 12, est ombré en lignes inclinées, et le coussinet en lignes horizontales. On voit que le coussinet a deux parties horizontales percées de trous o,o' , par lesquels passent des clous qui entrent dans les chevilles en bois du dé , et le lient ainsi au coussinet. Le rail est maintenu entre deux parties saillantes n,n'. *cdef* est un vide dans lequel on introduit une cheville en fer qui traverse le chair suivant la longueur de la route, et empêche le rail de vaciller. Cette cheville est représentée, *fig.* 14. Elle est pyramidale, afin qu'on puisse l'enfoncer plus ou moins, les trous n'étant jamais parfaitement égaux; elle agit alors comme un coin.

Sur la nouvelle route de Glasgow, les extrémités des rails sont entaillées de manière à s'engager, comme l'indique la *fig.* 15; sur la route de Liverpool., on les a simplement posés bout à bout. Le premier mode de jonction est certainement le meilleur; mais il augmente beaucoup le prix des rails.

---

expression pour désigner la pièce de fonte qui lie le rail au dé.

Sur la nouvelle route de Lyon à Saint-Etienne, les coussinets sont liés aux dés par de simples chevilles de bois. Le rail entre dans le coussinet par un bourrelet *b*, *fig.* 16 et 17, et lui est fixé au moyen d'un coin de bois *c*, chassé entre deux. Les rails de la route de Roanne à Andrezieux seront liés aux chairs de la même manière.

Les rails en fonte du chemin de Saint-Étienne à la Loire sont liés aux coussinets par de simples chevilles qui traversent le coussinet et le rail; mais cette méthode d'attache étant imparfaite, nous ne nous y arrêterons pas. Nous ne parlerons point également de plusieurs autres qui ne sont pas moins vicieuses.

L'écartement entre les rails, pris sur une perpendiculaire à la ligne du chemin, du milieu d'un rail au milieu du rail parallèle, est, sur la route de Liverpool et sur toutes celles de France, de 4 pieds 10 pouces ($1^m,46$); sur la route de Glasgow et sur celle de M. Thomson, près Newcastle, de 4 pieds 8 pouces ($1^m,41$).

Le poids des coussinets en fonte de la route de Liverpool varie entre 10 et 12 livres ($4^k,53$ à $5^k,44$): celui des coussinets de la route de Glasgow est d'environ 8 à 10 livres ($3^k,62$ à $4^k,53$). Les coussinets de la route de Saint-Étienne à Lyon pèsent, en moyenne, 6 livres (3 kil.).

Les chevilles qui, sur la route de Liverpool,

servent à lier les rails aux coussinets, ont 9 pouces (0^m,23) de longueur.

Les dimensions des dés sont :

Sur la route de Liverpool :

    Hauteur. . . . . 1 p. » p°.   0^m,30
    Section horizontale. . . 2p. de côté. 0^m,61 de côté.

Sur la route de Glasgow:

Hauteur. . . . . . . 1 p. » p°.   0^m,30
Section horizontale. 1 p. sur 1 1/2 p.   0^m,30 sur 0^m,45.

Sur la route de Saint-Etienne à Lyon :

    Hauteur. . . . . . . 1 p. » p°.   0^m,30
    Section horizontale. 1 p. de côté. 0^m,30 de côté.

Sur la route d'Andrezieux à Roanne, on compte
en diminuer la hauteur et en augmenter la longueur, suivant la ligne du chemin.

Les rails étant posés définitivement, on remplit l'espace compris entre les dés avec des pierres
cassées en morceaux de la grosseur d'un œuf ou
avec de la terre bien tassée.

Lorsque l'on établit les rails sur terrain solide,
on creuse des deux côtés de la route de petits
fossés d'environ 75 centim. de largeur, et l'on pose
dans ces fossés les dés en alignement, de manière
que leur surface supérieure soit à peu près au

même niveau que le sol. On assujettit ensuite les coussinets aux dés et les rails aux coussinets , comme cela a été décrit précédemment.

Manière de passer d'une simple voie sur une double voie et réciproquement.

Les chemins en fer sont ou à deux voies, et alors une voie sert pour les chariots qui vont dans un sens, et l'autre pour ceux qui marchent dans l'autre direction ; ou à une seule voie, et, dans ce second cas, il faut avoir des endroits déterminés pour la rencontre (*siding places*), où l'on établit une double voie.

Nous avons à expliquer comment l'on peut passer d'une voie sur une autre.

Soient AA', *fig.* 19, la voie simple, BB' et CC' les deux voies ; KK' est une pièce tournant autour du centre K', appelée en anglais *switch*, LL' une pièce analogue. Les rebords des roues étant en dedans, si l'on veut faire passer le chariot de AA' sur BB', on place les petites pièces mobiles comme l'indique la figure, et alors l'effet désiré a nécessairement lieu. On procéderait d'une manière analogue pour passer sur CC' : ce serait la pièce mobile LL' que l'on rapprocherait du rail au lieu de KK', et KK' qu'on éloignerait.

Au point où se rencontrent les quatre rails , on place des pièces en fonte, *fig.* 20 : deux rails viennent aboutir en *b* et *c*, et deux autres en *b'* et *c'*.

On voit qu'au moyen de dispositions de ce genre on peut passer de la ligne principale d'un

chemin à simple voie sur les lignes auxiliaires,
et réciproquement, ou d'une ligne à l'autre d'un
chemin à double voie.

C'est un inconvénient assez grave que d'avoir
à placer dans une position convenable les petites
pièces tournantes, toutes les fois qu'un convoi
change de ligne. La *fig.* 21 indique une disposition des rails au moyen de laquelle les chariots
se croisent sur une route à simple voie sans
qu'on ait à se servir de pièces mobiles. Aux points
où deux rails se rencontrent, *dd'*, *ee'*, ils sont
séparés comme le montre la *fig.* 22 ; aux points
de jonction de quatre rails, on place les pièces
en fonte don. .ous avons déjà parlé.

DES CHARIOTS.

Forme, dimensions et poids des différentes parties.

Les chariots employés sur les chemins de fer
n'offrent rien de particulier, si ce n'est que lorsqu'ils doivent rouler sur des ornières saillantes,
les jantes des roues présentent en dedans ou en
dehors, mais presque toujours en dedans, un
rebord *d e f*, *fig.* 23, qui les empêche de sortir de
l'ornière. Ce rebord est ordinairement un peu
évasé, et la jante de roue est elle-même légère-

ment conique. Ils portent aussi assez généralement un frein qui sert à modérer leur vitesse aux descentes. La *fig.* 23 représentant un chariot de la forme de ceux dont on se sert le plus ordinairement pour le transport de la houille, *a b c* est le frein.

Leur forme dépend de l'espèce de marchandise qu'ils sont destinés à transporter.

On règle leurs dimensions de manière à diviser la charge convenablement sur plusieurs chariots plutôt que de l'accumuler sur un seul, afin de ne pas trop fatiguer les rails.

Capacité des chariots.

La plupart des chariots, dits en anglais *waggons*, employés pour le transport de la houille, contiennent 1 chaldron, mesure de Newcastle, ou 53 quintaux (2689 kil.) (Killingsworth près Newcastle, Liverpool, Glasgow). Le modèle des chariots du chemin de Saint-Étienne à Lyon n'est pas encore entièrement arrêté; ceux du chemin en fonte de Saint-Étienne à Andrezieux renferment environ $2\frac{1}{4}$ tonnes (2557 kil.). Les chariots de la route en fonte établis par M. Thomson près de Newcastle portent $\frac{1}{2}$ chaldron, ou $26\frac{1}{2}$ quint. (1345 kil.).

Caisse.

La caisse de ces chariots se compose de planches ou de plaques de tôle clouées sur un cadre de bois. Elle s'ouvre par derrière ou en dessous. Dans le premier cas, la paroi postérieure du cha-

riot est ordinairement retenue par de simples
clavettes; dans le second cas, le fond du chariot
est formé de deux planches, qui sont susceptibles
de se mouvoir horizontalement en sens contraire,
suivant sa longueur : chacune de ces planches
porte au dessous une crémaillère, et on les sépare
l'une de l'autre au moyen de petits pignons, qui
engrènent dans les crémaillères et que l'on fait
tourner à l'aide de grandes roues, que l'on pose
sur l'axe, au point de déchargement.

Les roues des chariots sont généralement en
fonte et coulées en coquille (*case-hardened*):
comme elles doivent joindre à la dureté une certaine ténacité, la partie trempée n'a jamais qu'une
petite épaisseur.

Les roues non trempées paraissent s'user avec
une grande rapidité. D'après des expériences de
M. Wood, le frottement avec des roues trempées est au frottement avec des roues non trempées comme 59 : 63.

Le retrait qu'éprouve la fonte en se refroidissant
fait souvent briser les roues. Nous en avons vu
sur les chantiers de MM. Seguin, à Lyon, dans lesquelles, pour éviter cet inconvénient, on avait
partagé l'anneau circulaire qui reçoit l'essieu en
trois parties, en laissant à chaque division des
vides, que l'on remplissait ensuite avec des coins
de bois. (Voy. *fig.* 24.)

5.

Il y aurait de l'avantage, lorsque la main-d'œuvre n'est pas très chère, à employer des roues en bois avec un contour en fer malléable. M. de Gerstner en a le premier fait l'essai avec succès ; mais l'on ne s'en est pas encore servi en Angleterre pour les chariots. Nous verrons plus loin qu'on les a substituées aux roues en fonte pour les machines locomotives.

Le diamètre des roues est généralement de onze à treize fois celui des essieux. Il varie entre 2 pieds 9 pouces(0^m83) et 3 pieds ($0^m,91$).

On conçoit que l'avantage que procure l'emploi des roues est d'autant plus grand, que le diamètre de celles-ci est plus considérable relativement au diamètre des essieux.

Essieux. On préfère généralement les essieux mobiles aux roues mobiles. Il est ainsi plus facile de conserver aux chariots une voie constante.

Les essieux sont en fer malléable.

Essai des essieux. On les essaie en laissant tomber sur quelques uns d'entre eux, pris au hasard, un poids constant d'une certaine hauteur, ou en leur faisant supporter une certaine charge. Les essieux qui serviront aux chariots de la route d'Andrezieux à Roane auront $67,5$ millimètres de diamètre ; posés sur des supports éloignés de $1^m,50$, ils ne devront commencer à plier que sous un point de 7600 kil. appliqué au point milieu.

Les caisses des chariots de la route en fer des houillères de Bolton, près Manchester, route qui doit servir d'embranchement à la grande route de Liverpool à Manchester, reposent sur ressort. On nous a dit que c'étaient les seules de cette espèce qui existassent en Angleterre. On diminue ainsi l'effet des cahots, les rails sont moins fatigués et on prétend en outre que la résistance à vaincre est moindre (1).

Sur la route de Glasgow, des chariots contenant 1 chaldron (2689 kil.), et dont la caisse est en bois, pèsent 1 tonne (1015 kil.); des chariots à caisse en fer pèsent 18 quintaux (2) (914 kil.). Nous n'avons pu savoir quel était le poids de leurs différentes parties.

Les chariots de 1 chaldron à caisse en bois, employés aux environs de Newcastle, pèsent de 23 à 24 quintaux, sur lesquels il faut compter environ 8 quintaux (406 kil.) pour les quatre roues, 3 quintaux (152 kil.) pour les essieux, et 12 quintaux (609 kil.) pour la caisse.

Les chariots de la route de Bolton, près Man-

Chariots suspendus sur ressorts.

---

(1) M. Edgeworth a prouvé, par des expériences, l'efficacité des ressorts pour aider au tirage. (V. *Essai sur les Voitures,* page 153.)

(2) Ce nombre nous paraît faible, nous le tenons cependant de l'ingénieur de la route.

chester, pèsent 3o quintaux (1522 kil.), et leur
charge 42 quintaux 96 livres (2175 kil.).

Les petits chariots en bois de M. Thomson ne
pèsent qu'un peu plus de 12 quintaux, sur lesquels il faut compter 5 quintaux (254 kil.) pour
la caisse en bois, 5 quintaux (254 kil.) pour les
roues, 1 quintal (5o kil.) pour les essieux, $1\frac{1}{4}$ livre pour les boîtes de roues, et 1 quintal 1 li-
vre (o^{k}56) pour les clous ou autres parties en
fer de l'appareil.

Le poids des roues en bois avec contour de fer
malléable, de dimensions ordinaires, construites
par MM. Seguin, est de 80 kilog., tandis que
celui des roues ordinaires en fonte est de 98 à
104 kilog.

C'est une grande difficulté que de maintenir
les essieux constamment graissés; on a imaginé
de placer au dessus, dans le creux d'une pierre
filtrante, de l'huile, qui, traversant les pores de
la pierre, tombe sur l'essieu. On a trouvé à cette
méthode l'inconvénient que l'huile passait souvent sur les côtés. On pourrait y obvier en les
recouvrant avec un enduit imperméable; mais
M.Stephenson, ingénieur de la route de Liverpool,
regarde comme meilleur l'appareil suivant, dont
il faisait l'essai lors de notre passage en cette ville.
Un vase de fer, *fig.* 25, est placé au dessus de l'essieu ; au centre est un tube vertical ouvert aux

Moyens divers pour graisser les essieux.

deux bouts; la cavité autour du tube est remplie d'huile; on pose des mèches $a\,b\,c$ et $a'b'c'$, de manière qu'elles pendent en c et c' au dessus de l'axe.

Ces mèches forment une sorte de siphon, et on augmente ou diminue leur effet à volonté en augmentant ou diminuant la partie qui en représente la longue branche. On a ainsi fait varier la quantité d'huile tombant dans un certain temps d'une goutte à cinquante.

Frottement des chariots.

Il était intéressant de connaître les effets du frottement que le moteur doit vaincre.

D'après un grand nombre d'expériences faites par M. Wood avec beaucoup de soin sur le chemin en fer de Newcastle, le frottement ne varie pas avec la vitesse; il ne dépend que du poids du chariot. Il est d'environ $\frac{1}{200}$ à $\frac{1}{220}$ de la charge sur un chemin de niveau et sec avec les chariots ordinaires, dans lesquels le rapport du diamètre de l'essieu à celui de la roue est $1 : 12$.

M. Tredgold le porte à peu près au double (1); mais d'autres auteurs confirment le résultat de

Expression du frottement d'après MM. Wood, Tredgold, etc.

---

(1) Voyez *Traité pratique sur les chemins en fer*, de Th. Tredgold, traduit par Duverne, 1826, page 55 et suiv.

M. Wood, et, d'après quelques essais qui ont eu
lieu l'année dernière sur la route de Glasgow, on
l'a trouvé de $\frac{1}{220}$ si le chemin est sec, et $\frac{1}{300}$
s'il est humide. MM. Jas. Walker et J.-U. Ras-
trick, chargés, par la société des actionnaires
du chemin de Liverpool à Manchester, d'étudier
les mérites comparatifs des différens moteurs,
ont adopté pour coefficient du frottement $\frac{1}{180}$ (1).

«Toutes les recherches faites sur le frottement,
dit M. F. de Gerstner (2), ont appris qu'il n'était
pas rigoureusement proportionnel aux pres-
sions, mais qu'il est plus grand lorsque les pres-
sions sont faibles que lorsqu'elles sont fortes.»
On peut cependant, dans la pratique, considérer
le frottement comme proportionnel à la pression.

Le frottement est le même sur le fer malléable
que sur la fonte. M. Wood nous a dit que, dans

---

(1) Voyez *Report to the directors of the Liverpool and
Manchester railway on the comparative merits of loco-mo-
tive and fixed engines*. By Jas. Walker and J.-U. Rastrick, Esq. civil Engineers. 1re. ed. Liverpool, 1829, p. 8.

(2) Voyez *Mémoire sur les grandes routes, les chemins
de fer et les canaux de navigation*; traduit de l'allemand
de M. F. de Gerstner, et précédé d'une introduction par
M. Girard, Ingénieur en chef des ponts et chaussées,
page 45. Paris, 1827, chez Bachelier.

quelques expériences faites à ce sujet, il parut être plus grand sur le fer malléable ; mais on s'aperçut que cela tenait à ce que les rails en fer pliaient, et, en rapprochant les supports convenablement, on obtint le résultat énoncé.

Le frottement sur une route pavée est $\frac{1}{30}$, sur une des meilleures routes à la Mac-Adam, $\frac{1}{35}$. D'après ce nombre, et adoptant $\frac{1}{300}$ comme coefficient du frottement sur les chemins de fer, l'avantage des routes en fer sur les routes ordinaires, eu égard seulement à l'effet utile du moteur, serait de 7 à 1 et $7\frac{1}{2}$ à 1. Comparaison du frottement sur une route ordinaire et sur une route en fer.

Le frottement dont nous venons de donner la valeur approchée se compose de celui qui s'exerce sur l'essieu et de celui qui a lieu entre la circonférence de la roue et l'ornière. D'après les expériences de M. F. de Gerstner, faites, à la vérité, en petit, et d'après des formules qu'il a établies par le raisonnement, le frottement sur les barres est toujours très petit comparativement au frottement sur les essieux. Dans un premier cas, il ne fut que d'environ $\frac{1}{25}$ de celui-ci : la charge ayant été augmentée jusqu'à ce qu'elle devînt près de neuf fois ce qu'elle était, le frottement des barres est devenu environ $\frac{1}{10}$ du frottement sur les essieux. M. Tredgold dit que la résistance qui s'opère sur un chemin de fer à la surface des or- Rapport des frottemens sur l'essieu et à la circonférence.

nières, quand elles sont bien polies et bien propres, est presque nulle (1).

Les personnes qui désireraient plus de détails sur ce sujet les trouveront dans le mémoire de M. de Gerstner, et dans l'*Essai sur les routes et les voitures* de M. Edgeworth (2).

DES MOTEURS.

Les moteurs employés sur les chemins de fer sont de trois espèces :

Les chevaux,

La gravité,

La vapeur.

Des chevaux.

Les chevaux sont attelés et agissent comme sur les routes ordinaires.

D'après M. Wood et d'autres auteurs, on obtient l'effet maximum d'un cheval sur un chemin de fer en plaine, lorsqu'on lui fait parcourir 2 milles anglais (3,200^m.) à l'heure et qu'on le fait travailler dix heures par jour : il traîne alors 10 tonnes (10,150 kil.). L'effort est le même que pour tirer 200 tonnes à 1 mille.

(Marginal notes: Des chevaux. / Effet moyen. Maximum du cheval sur les routes en fer.)

---

(1) Voyez *Traité pratique sur les chemins de fer* de Th. Tredgold, traduit par T. Duverne, 1826, page 79.

(2) Paris, Anselin et Pochard, 1827.

Sur la route en fer dite *monkland-road*, près Glasgow, un cheval traîne en plaine de 15 à 16 tonnes, et travaille huit heures par jour, parcourant dans cet espace de temps 24 milles, dont 12 à vide : cela correspond à un transport de $12 \times 15 + 12 \times 4 = 228$ tonnes à 1 mille.

Sur le chemin de Saint-Étienne à Andrezieux, on compte qu'un cheval tire en plaine, par jour, $7\frac{1}{2}$ tonnes à 40,000 mètres : cela fait 300 tonnes à 1,000 mètres, ou un peu moins de 200 tonnes à 1,600 mètres ou 1 mille anglais.

En Bohême, où les chevaux sont plus petits qu'en Angleterre, un cheval tire en plaine 5 chariots, chargés chacun de 2 à $2\frac{1}{2}$ tonnes, à une distance de 20 milles anglais, en un jour; comptant le poids de chaque chariot 1 tonne, le cheval traînera de 9 à 10 tonnes à 20 milles; disons 9 tonnes : l'effort qu'il exerce correspondra à celui qui est nécessaire pour traîner 180 tonnes à 1 mille.

Sur une bonne route à la Mac-Adam, un cheval tire, par jour de dix heures, de 22 à 24 quintaux, y compris le poids de la voiture, en parcourant de 23 à 24 milles anglais. L'effort qu'il exerce correspond à l'effort nécessaire pour traîner de 26 à 28 tonnes à 1 mille (1).

---

(1) Dans un extrait du *London-Magazine*, que M. Ed.

D'après ces différentes données, l'avantage de la route en fer sur la route à la Mac-Adam, eu égard au frottement, serait comme $7\frac{1}{2}$ ou $8 : 1$.

Ces résultats sont un peu plus élevés que ceux auxquels nous sommes parvenus en admettant pour le coefficient du frottement sur la route à la Mac-Adam $\frac{1}{35}$; mais il faut observer que le travail journalier du cheval sur la route ordinaire n'a peut-être pas été pris sur des routes parfaitement plates, ce qui serait la cause de la différence.

On arriverait aussi à des conclusions un peu différentes en adoptant le nombre donné par M. Walker pour estimer le travail d'un cheval sur une route ordinaire.

« A la vitesse de $2\frac{1}{2}$ milles par heure, dit cet ingénieur, un bon cheval fera sur une bonne route ordinaire 20 milles par jour en traînant 32 quintaux, y compris le poids de la voiture ; ce qui correspond à un effet journalier de 640 quintaux ou 32 tonnes transportés à 1 mille.

---

geworth a intercalé dans son ouvrage sur les routes, page 243, il est dit qu'un cheval traîne 27 quintaux en faisant 2 milles à l'heure ; mais le temps de travail par jour n'est pas indiqué. En supposant que ce soient dix heures, l'effet produit correspondrait au transport de vingt-sept tonnes à un mille.

» A la vitesse de 6 milles par heure, ajoute le
même auteur, aux environs de Londres, un
cheval plus léger que le précédent, et à peu
près du même prix, fera, en ne parcourant que
des relais très courts et traînant avec un autre
cheval une diligence du poids de 20 quintaux,
contenant $13\frac{1}{2}$ quintaux en voyageurs et $1\frac{1}{2}$ quintal d'effets ou marchandises, 16 milles par
jour. Cela correspond à un effet de $17\frac{1}{2} \times 16 =$
280 quintaux transportés à 1 mille.

» A la vitesse de 10 milles par heure, un cheval encore plus léger ne fera que 10 milles par
jour en traînant, avec trois autres chevaux, la
malle pesant 20 quintaux, contenant 12 quintaux de voyageurs et 8 quintaux de sacs et effets.
Cela correspond à un effet de 100 quintaux transportés à 1 mille.

» On observera en outre que lorsqu'on fait
courir le cheval avec une très grande vitesse, il
ne dure pas la moitié du temps qu'il pourrait servir en ne marchant que lentement. »

M. Wood admet, comme simple résultat de
pratique, que l'effort qu'exerce le cheval sur la
charge décroît en raison inverse de la vitesse.

Enfin on trouvera encore des renseignemens
assez détaillés sur ce sujet dans le traité de M. Tredgold. Cet auteur conseille de ne faire travailler

le cheval que six heures par jour, à la vitesse de 5 milles par heure.

Avec les données qui précèdent, on calculera aisément le travail d'un cheval sur un plan incliné de pente donnée.

Nouveau dynamomètre.   Lors de notre passage à Glasgow, on se servait, pour les expérieuces sur une des nouvelles routes en fer des environs , d'un dynamomètre de nouvelle construction : en voici une description sommaire.

Un gros piston en bois P, *fig.* 26, plonge dans un bain de mercure que renferme un cylindre en fonte CC'. Le cylindre en fonte communique, par son extrémité inférieure, avec un tube FF'; on fait agir la puissance en A sur la tige du piston , du haut en bas, au moyen d'un système de leviers coudés. Le piston de bois s'enfonce dans le mercure, qui monte autour et s'élève dans le tube; derrière celui-ci est une échelle graduée, qui permet de juger de l'effort.

Ce dynamomètre est placé sur un chariot que l'on attache à d'autres dont le poids est bien connu; on fait marcher le cheval, et on voit sur l'instrument la quantité de livres à ajouter aux chariots pour estimer la force développée dans les différens cas de vitesse de l'animal et d'inclinaison du chemin.

De la gravité.

La gravité ou pesanteur ne peut servir de moteur que dans les parties inclinées. Les chariots qui descendent aident alors par leur poids, au moyen d'un système de poulies ou de treuils, d'autres chariots à monter. Souvent, si le mouvement commercial est plus fort dans le sens de la descente, le simple poids des chariots descendans suffit, sans aucun aide d'autre part, pour faire remonter les chariots ascendans : dans quelques cas, il est seulement auxiliaire d'une machine.

Le plus communément les chariots descendans agissent par leur poids sur d'autres qui marchent en sens opposé sur la même pente ; quelquefois les chariots descendant sur un des flancs d'une colline font remonter sur l'autre flanc les chariots ascendans.

On conçoit que, dans le premier cas, il faut au moins trois files de rails sur toute la longueur du chemin, et quatre files aux points de rencontre. On voit aisément, en examinant la *fig.* 27, comment les rebords des roues étant en dedans, les chariots passent, dans ce cas, d'une route à trois rangs de rails sur une route à quatre rangs sans l'aide d'aucune pièce mobile.

Nous ne nous arrêterons pas à décrire les différentes combinaisons de poulies et de treuils employées pour faire usage de la gravité.

Frottement des cordes. Les cordes auxquelles sont attachés les chariots reposent sur des poulies ou rouleaux placés de distance en distance. M. Wood a trouvé, d'après les moyennes d'un grand nombre d'expériences, qu'il convenait, dans la pratique, de considérer le frottement qu'elles occasionent comme égal au tiers de la pression qui le produit, abstraction faite de la diminution due à l'emploi des poulies. Multipliant ce nombre par le rapport qui existe entre la circonférence des poulies et celle des axes sur lesquels elles tournent, on obtient l'expression complète du frottement. Les élémens de la pression qui y donne lieu sont non seulement le poids de la corde, mais encore celui des treuils et poulies.

Le rapport entre le diamètre des poulies et celui des axes étant souvent de $1::12$, le coefficient du frottement est alors $\frac{1}{36}$. Ce rapport étant quelquefois $1:16$, le coefficient du frottement devient $\frac{1}{48}$.

M. Jas. Walker fait entrer dans les calculs le frottement des cordes, poulies, treuils, etc., comme étant égal à $\frac{1}{22}$ du poids de la corde seulement (1). Il est fâcheux qu'il n'indique pas le

____

(1) Voyez *Report*, etc., page 22.

rapport du diamètre des poulies à celui de leurs axes. Il nous semble aussi que le frottement sur les pentes n'est pas proportionnel au poids absolu, mais à la composante verticale de ce poids.

On observera enfin que le frottement des cordes variera avec la température, et que l'expression qui en a été donnée a été calculée pour la température ordinaire de l'Angleterre.

La perte de force que l'on doit attribuer à l'emploi des cordes ne vient pas seulement de leur frottement sur la gorge et les axes des poulies, mais encore des vibrations que fait la corde, surtout au commencement du mouvement. Ces vibrations sont le produit d'une force et cette force est perdue.

On emploie en Angleterre la force motrice de la gravité d'une manière fort ingénieuse vers les points de déchargement. Aux environs de Newcastle, par exemple, où les convois doivent être déchargés sur des bateaux, les rives de la Tyne forment des talus assez rapides d'environ cent mètres de longueur. De leur sommet on fait partir des planchers inclinés aussi, mais beaucoup moins que ces pentes, et qui vont se terminer à quelques mètres au dessus de la surface de la rivière. Ces planchers reposent sur de fortes charpentes et portent la route en fer.

Plans inclinés (*self acting planes*) établis près des points de déchargement.

4

A quelque distance du sommet du talus, dans
l'espace compris entre les deux files de rails, est
une poulie tournant dans un plan vertical mené suivant la direction du chemin, et dont la
plus grande portion se trouve au dessous du
plancher. Sur cette poulie passe une corde portant à une de ses extrémités un contre-poids et à
l'autre un crochet de fer, de telle manière que le
chariot, dépassant la poulie, saisit, par un petit crochet fixé à sa partie postérieure, celui de la corde;
sa marche est ralentie par le contre-poids ; il con-
tinue à descendre, fait par conséquent monter le
contre-poids, et, arrivé près de la rivière, il
rencontre un nouvel appareil du même genre,
qui l'arrête presque entièrement et ne lui laisse
que la force suffisante pour achever sa course.
Le plan s'arrondissant à son extrémité de manière à présenter une portion de surface cylindrique au lieu d'une arête vive, le chariot, lorsqu'il
a atteint cette surface, bascule ; la paroi postérieure rencontre un obstacle ou système particulier qui la force à s'ouvrir, et le chariot se vide
dans une grande caisse suspendue au dessus du
bateau. Dès qu'il ne renferme plus de houille, les
contre-poids le relèvent et le ramènent en haut
du plancher. C'est surtout le premier contre-
poids qui agit, puisque le chariot quitte déjà le
second à une très petite distance de l'extrémité

du plan. Il tient la corde constamment tendue, et on creuserait le talus s'il n'était pas assez élevé pour que cela fût naturellement ainsi.

La caisse en tôle est suspendue elle-même à deux cordes qui s'y attachent de chaque côté, passent sur des poulies et portent à leurs extrémités des contre-poids. Dès qu'elle est pleine, elle entraîne les contre-poids et descend sur le bateau, où des hommes en ouvrent une des parois et la vident, puis elle remonte par l'effet du contre-poids. Un homme placé à l'extrémité du plan incliné aide avec un frein les contre-poids à empêcher la caisse de descendre avant qu'elle ne soit pleine. Tout ceci s'opère avec une rapidité incroyable. Les chariots se succèdent presque sans interruption.

On nous a dit que, dans une autre localité, à Sunderland, les chariots descendaient eux-mêmes dans un cadre sur le bateau, et ensuite, après s'être vidés, remontaient par l'effet de contre-poids.

Des machines à vapeur.

Nous avons vu plus haut que les machines à vapeur employées sur les chemins de fer étaient de deux espèces :

Les machines fixes (*stationnery engines*);

Les machines locomotives (*locomotive engines*).

4.

Des machines fixes.

Les machines fixes peuvent être employées en plaine ou pour franchir les montées : on n'en fait guère usage que dans le second cas.

Nous avons déjà donné une idée générale de la manière dont on faisait agir les machines fixes, par l'intermédiaire de treuils, sur les chariots. Nous avons dit que, lorsqu'elles étaient situées au sommet d'une pente , on les aidait en faisant agir sur le treuil le poids des chariots descendans. Quelquefois aussi, lorsqu'une série de machines est placée sur une même ligne, elles s'aident mutuellement. C'est ce qu'on appelle en anglais le *reciprocating-system* (système réciproquant).

Nous allons en donner une courte description. Supposons d'abord une seule voie.

Soient trois machines, A , B , C ; chaque machine a deux treuils dont les axes sont parallèles et situés dans un même plan horizontal, et dont l'un communique le mouvement à l'autre au moyen d'un engrenage.

Les deux treuils tournent donc nécessairement en sens contraire : les cordes qui passent sur chacun d'eux sont disposées de telle façon que l'une s'enroule, tandis que l'autre se déroule ; la corde qui s'enroule tire un convoi vers la machine, et l'autre est attachée à la queue d'un convoi qui s'en éloigne.

De cette manière, si le convoi marche de C vers B, la machine B réagit sur la machine C par l'intermédiaire du câble de cette machine, qui se déroule; il en est de même de la machine A à l'égard de la machine B; et, le convoi marchant dans le sens contraire, c'est C qui réagit sur B, et B sur A.

Lorsqu'il y a double voie, on a deux systèmes de treuils semblables au précédent. Deux treuils sont placés sur un même axe, et les cordes sont disposées sur ces treuils de manière à s'enrouler en sens contraire. Chaque système de treuils tournant tantôt dans un sens et tantôt dans l'autre, on conçoit que successivement les cordes, s'enroulant ou se déroulant, tirent le convoi vers la machine sur la voie qui leur correspond, ou bien suivent le convoi marchant dans l'autre sens sur la même voie. Si donc on veut avoir un transport continu, un convoi T allant de A vers B, et un autre convoi T' allant de B vers A, on sent qu'il faudra qu'auprès de chaque machine chaque convoi puisse passer d'une voie sur l'autre. C'est ce dernier mode de transport par machines fixes que MM. Walker et Rastrick ont proposé pour la

route de Liverpool à Manchester. On l'adop-
terait sur toute l'étendue du chemin, quoiqu'une
grande partie soit plate, et les machines seraient
distantes l'une de l'autre de $1\frac{1}{2}$ mille (2400^m.).

Machines.   Les machines fixes sont à basse ou à haute
pression : presque toutes celles que nous avons
vues aux environs de Newcastle et à Bolton sont
à haute pression et à détente sans condensateur.
On les préfère, parce que lorsque la machine
commence à tirer, et précisément alors que l'on
aurait besoin de plus de force, le vide étant dans
les machines à condensateur moins parfait qu'il
ne le devient ensuite, la puissance est également
moindre ; ce qui n'arrive pas avec les machines à
haute pression sans condensateur. En outre, on
peut plus facilement augmenter la force des machines à haute pression lorsque cela devient nécessaire par suite d'une augmentation de transports. Celles que l'on emploie aux environs de
Newcastle n'usent peut-être pas moins de combustible, comme nous allons le voir, que de
bonnes machines de Watt ; mais, d'après des expériences de M. Wood, leur effet utile serait
plus grand, dans les mêmes circonstances, que
pour des machines de Watt (1).

____

(1) Ces expériences demanderaient à être répétées avant

La pression la plus commune, aux environs de Newcastle, est de 25 livres par pouce carré du piston.

Les machines consomment $1\frac{1}{2}$ boisseau de Winchester de charbon, ce qui fait environ 136 livres par force de cheval en douze heures, ou environ douze livres ($5^k,44$) par heure.

Le piston parcourt ordinairement 220 pieds ($61^m,03$) par minute.

M. Wood fait observer que la pression sur le piston des machines dépend du poids de vapeur qui s'introduit dans le cylindre pendant un temps donné, et que celui-ci est non seulement fonction de l'élasticité mesurée par la soupape de sûreté, mais aussi de la vitesse du piston, de la rapidité avec laquelle la vapeur se produit, et de la grandeur de l'ouverture par laquelle elle passe de la chaudière dans le cylindre. Il est alors évident que l'on arrive à une fausse appréciation de la puissance de la machine lorsque, comme le font quelques constructeurs, on ne tient compte, pour la calculer, que de l'élasticité de la vapeur dans la

Expériences et observations de M. Wood sur l'effet utile des machines à vapeur.

---

de faire loi; car il est possible que les machines à basse pression dont s'est servi M. Wood n'aient pas été aussi bien faites que celles à haute pression. Toutes les personnes qui emploient les machines savent combien un léger défaut de construction peut en diminuer l'effet.

chaudière, élément que l'on multiplie par la surface et la course du piston.

Appliquant ces principes et comparant des
expériences, M. Wood trouve que la quantité de
vapeur à la même tension, et par conséquent la
quantité de combustible consommée pour produire un même effet, sont plus considérables
dans le cas d'une plus grande rapidité du piston.
On voit donc qu'il y aura désavantage économique à augmenter cette rapidité au delà de certaines
limites.

Machines locomotives.

Variétés de
machines lo-
comotives.

On trouve, dans l'ouvrage de M. Wood, des
plans et des descriptions d'un grand nombre
de machines locomotives, qui ont été essayées
ou qui sont actuellement employées. Les plus
remarquables sont celles dont on se sert à la
houillère de Killingsworth, et celles qui ont été
adoptées sur la grande route de Darlington à
Stockton. Ces dernières sont surtout curieuses
par le mode de suspension de la chaudière, dont
l'invention est due à MM. Losh et Stephenson :
de petits pistons, sur lesquels agissent dans des
cylindres la force élastique de la vapeur et le
poids de l'eau de la chaudière, communiquent
par intermédiaire la pression exercée sur leur

surface sous les essieux des roues ; ils font ainsi effet de ressorts.

Nous renvoyons, pour une description complète des différentes machines locomotives en usage, au Traité de M. Wood, et nous ne parlerons avec détails que de celle qui est employée sur la route de Bolton. C'est la plus parfaite que l'on ait établie, et elle n'a-encore été citée, à notre connaissance, dans aucun ouvrage. Elle sort des ateliers de M. Robert Stephenson à Newcastle, et paraît devoir servir de modèle à toutes celles qui circuleront sur la route de Liverpool à Manchester. Voy. les Pl. I et II, et la légende à la fin de cet article.

Les particularités qui distinguent cette machine des autres machines locomotives décrites sont les suivantes :

1°. Elle est portée sur ressorts , tandis que les autres machines ne sont suspendues en aucune manière, ou le sont comme nous venons de l'expliquer.

2°. Les cylindres à vapeur sont inclinés de 45 degrés à l'horizon, au lieu d'être verticaux.

3°. Les roues sont en bois, avec un contour de fer malléable, au lieu d'être en fonte trempée.

4°. Les roues sont liées par des bielles horizontales, au lieu de l'être par des chaînes sans fin passant sur des roues dentées posées sur les essieux.

Le mode de suspension sur ressorts a été reconnu par M. Stephenson lui-même, inventeur du mode de suspension par la vapeur, supérieur à celui-ci, parce que la pression de la vapeur ou de l'eau sur les pistons venant à augmenter, la chaudière est soulevée brusquement.

Les cylindres verticaux ont présenté un inconvénient analogue, qui, sans être nul, est moindre avec des cylindres inclinés ou horizontaux.

Les roues en fonte se cassent ou s'usent plus vite que celles en bois avec un pourtour en fer malléable. M. Wood, qui, il y a dix-huit mois, essaya les roues avec un pourtour en fer malléable, est parfaitement d'accord avec M. Stephenson sur leur supériorité. Ainsi nous avons vu à Killingsworth des roues en fonte qui, après n'avoir servi que quatre mois, étaient déjà fortement rongées, et dont la jante était devenue assez raboteuse pour que le frottement en fût considérablement augmenté. Des roues en fer malléable, au contraire, au bout de sept mois, n'étaient pas visiblement attaquées : il n'y a en Angleterre, contre ces dernières, que la différence du prix.

Les couronnes en fer malléable sont faites au laminoir, et fixées au bois par des clous à tête perdue ; les extrémités de la bande sont soudées au point où elles se rejoignent.

Voici les dimensions principales de cette machine :

Longueur de la chaudière.	8 p.	9 p°.	2ᵐ.59
Diamètre.	4	6	1ᵐ,37
Épaisseur des parois.. . . .	?	. . . .	
Diamètre des tubes pour les foyers..	1	6	0ᵐ,45
Diamètre des roues.	4	»	1ᵐ,22
Diamètre intérieur des cylindres à vapeur. . . .	»	9	0ᵐ,22
Course des pistons.	2	2	0ᵐ,66

Le nombre de coups par minute dépend de la vitesse de la machine : or, celle-ci parcourt ordinairement, avec sa charge, 7 milles anglais (11263 mètres) par heure, cela fait 566 pieds par minute : donc le nombre des coups de piston est de 45 à 46.

La pression sur la soupape est de 50 livres par pouce carré.

Le poids de la machine, y compris le poids du charbon, de l'eau et du train d'approvisionnement, est de 10 tonnes 13 quintaux : nous ne connaissons pas celui des différentes parties.

La force de la machine est estimée de dix à onze chevaux : c'est celle qu'elle développe ordinairement lorsqu'elle traîne 8 chariots, le poids du chariot vide étant 50 quintaux et celui de sa charge 42 quintaux 96 livres (2175ᵏ.) ; mais on

lui a fait faire l'ouvrage de vingt-quatre chevaux
en augmentant l'élasticité de la vapeur. D'après
une expérience relatée dans le mémoire de
MM. Walker et Rastrick (1), elle parcourut alors
$\frac{1}{5}$ mille (320^{m}.) avec une vitesse de 8,8 milles
(14150^{m}.) par heure, en traînant 13 chariots, pesant chacun, y compris la charge, environ 73
quintaux, sur une pente ascendante de $\frac{1}{433}$ (2 millimètres par mètre).

Autre machi-
ne pour la
route de Li-
verpool à
Manchester.
Mode de sus-
pension des
ressorts per-
fectionné.
Nous avons vu, dans les ateliers de M. Robert
Stephenson, à Newcastle, une autre machine
locomotive en construction, dans laquelle le mode
de suspension de la chaudière a été perfectionné.
Celle-ci est portée par quatre cylindres verticaux liés à un grand cadre en fer AB, *fig.* 28 et 29 ;
ce cadre repose sur quatre tiges co, qui traversent les ressorts ; ces ressorts sont fixés, au moyen
de boulons, à des pièces E percées de trous semi-
cylindriques destinés à recevoir la partie supérieure des essieux. Des pièces E' sont aussi traver-
sées par les boulons et embrassent la partie inférieure des essieux. En F, sont des parallélipipèdes
en fonte qui empêchent les essieux de se rappro-
cher, et qui, attachés au cadre, lui servent de
guide lorsqu'il se meut par la flexion des ressorts.

---

(1) *Report,* etc., page 17.

Les autres parties de la machine, qui n'étaient pas terminées, paraissaient devoir être à peu près les mêmes que dans la machine de Bolton.

Nous joignons ici un tableau du travail, en été et eu hiver, de différentes machines locomotives qu'ont étudiées MM. Walker et Rastrick.

MACHINES.	ROUTES.	EN ÉTÉ.												VITESSE ordinaire de la machine. Nombre de milles par heure.
		à 5 milles par heure.				À 8 milles par heure.				À 10 milles par heure.				
		Marchandises.	Waggons.	Mach. et train d'approvis.	Poids total.	Marchandises.	Waggons.	Mach. et train d'approvis.	Poids total.	Marchandises.	Waggons.	Mach. et train d'approvis.	Poids total.	
Mach. à 6 roues de 4 pieds, faite par M. Hackworth........	Stockton et Darlington.	17,75	23,75	15,	80,80	16,	13,	15,	54,	18,75	9,50	15,	43,25	5,50
Machine à 4 roues de 4 pieds........ ..	Stockton et Darlington.	34,75	17.33	12,	64,	18,66	9,33	12,	40,	13,33	6,66	12,	32,	5,
Machine à 4 roues de 4 pieds 2 pouces...	Killingsworth	38,	19,	10,50	67,50	21,	10,50	10,50	42,	15,50	7.75	10,50	33,75	5,
Mac. à 4 r. de 3 pieds.	Hetton.	24,25	12,	10,50	46,75	12,50	6,25	10,50	29,25	8,66	4,33	10,50	23,50	5,
Mach. à 4 roues, avec roue d'engrenage qui marche sur une crémaillère........	Middleton près Leeds.	22,25	11,	6,25	39,50	12,25	6,25	6,25	24,75	9,	4 ½	6,25	19,75	3
Mach. de 10 chevaux proposée par MM. Walker et Rastrick pour la route de Liverpool........	Liverpool et Manchester.	33,	16,50	10,50	60,	18,	9	10,50	37,50	13,	6,50	10,	30,	10,

Les résultats sont exprimés en tonnes de 1015 kil.

EN HIVER,

MACHINES.	ROUTES.	A 5 milles par heure.				A 8 milles par heure.				A 10 milles par heure.				VITESSE ordinaire de la machine. Nombre de milles par heure.
		Marchandises.	Waggons.	Mach. et train d'approvis.	Poids total.	Marchandises.	Waggons.	Mach. et train d'approvis.	Poids total.	Marchandises.	Waggons.	Mach. et train d'approvis.	Poids total.	
Mach. à 6 roues de 4 pieds, faite par M. Hackworth........	Stockton et Darlington.	40,75	20,25	15,	75,	21,75	10,75	15,	47,50	15,25	7,75	15	38,	5,5
Machine à 4 roues de 4 pieds.............	Stockton et Darlington.	28,75	14,50	12,	55,25	15,	7,50	12,	34,50	10,40	5,20	12,	27,60	5
Machine à 4 roues de 4 pieds 2 pouces..	Killingsworth	31,25	15,75	10,50	57,50	17,	8,50	10,50	36,	12,	6,25	10,50	28,75	5
Mac. à 4 r. de 3 pieds.	Hetton.	19,75	9,75	10,50	40,	9,75	4,75	10,50	25,	6,25	3,25	10,50	20,	5
Mach. à 4 roues, avec roue d'engrenage qui marche sur une crémaillère........	Middleton près Leeds.	19,25	9,50	6,25	35,	10,25	5,25	6,25	21,75	7,50	3,75	6,25	17,50	3
Mach. de 10 chevaux proposée par MM. Walker et Bastrick pour la route de Liverpool............	Liverpool et Manchester.	27,83	13,66	10,50	51,50	14,50	7,25	10,50	32,25	10,25	5,	10,50	25,75	10,

Les résultats sont exprimés en tonnes de 1015 kil.

La première de ces machines est la plus forte qui ait été construite en Angleterre. On serait parvenu à lui faire traîner jusqu'à 48 ¾ tonnes sur un chemin de niveau, à la vitesse de 11,2 milles par heure. La dernière est une machine proposée, pour la route de Liverpool à Manchester, par MM. Walker et Rastrick.

On observera que, d'après ce tableau, l'effet de ces machines, déterminé en multipliant la charge par la distance parcourue, est toujours le même pour une même machine, dans une même saison, quelle que soit la vitesse qu'on leur donne; mais ces résultats ont été calculés par les ingénieurs anglais, en prenant pour base le travail de la machine avec la vitesse qu'elle reçoit communément : c'est pour cela que nous avons ajouté une colonne de l'espace qu'elle parcourt habituellement en une heure : or, nous avons vu que l'effet des machines, d'après M. Wood, diminuait avec la vitesse du piston; elles ne tireraient donc pas, avec une vitesse double, exactement la moitié de la charge qu'elles sont susceptibles de traîner avec leur vitesse ordinaire, sans que la dépense en combustible et vapeur augmentât.

Les données de M. Walker et celles de M. Rastrick présentent entre elles de si légères différences, que nous n'avons pas cru nécessaire de les indiquer.

La machine locomotive, que M. Robert Ste- Machine lo-
phenson a envoyée l'année dernière à MM. Se- comotive de
guin, pour le chemin de Saint-Étienne à Lyon, la route de St.-Étienne
ressemble, en plusieurs points, à celle de Bol- à Lyon.
ton. Les roues sont aussi en bois, avec le contour
en fer malléable ; mais la chaudière n'est pas
portée sur ressorts, et les cylindres à vapeur sont
verticaux et suspendus de part et d'autre entre
les roues qui n'ont pas même essieu : ils communiquent le mouvement à celles-ci par un système
de leviers et de bielles.

La chaudière a en longueur...	10 p.	» p°.	$3^m,05$
Diamètre.	4	»	$1^m,22$
L'épaiss. des parois est partout.	»	1/2	$0^m,01$
Le diam. des cylindr. à vapeur.	»	9	$0^m,22$
Course des pistons.	2	2	$0^m,66$
Diamètre des roues.	4	»	$1^m,22$

Cette machine travaillera sous une pression de
5o livres par pouce carré dans la chaudière.

Voici le poids des différentes parties de cet ap- Poids des dif-
pareil, que M. Paul Seguin a eu la complaisance férentes par-
de nous communiquer : ties.

Poids de la chaudière avec les cylindres et la char-
pente. . . . . 5,644 kilogr.

Les différentes pièces, telles que biel-
les, etc.. 630
   La cheminée.. 181
   4 roues en bois et fer et 2 essieux. . . . 1,283
   Eau 1,695
                                    ————————
                        TOTAL.. 9,433 kil., ou
environ 9 1/2 tonnes.

A quoi il faut ajouter le charbon qui est sur la
grille.

Chariot d'approvisionnement.

   La caisse. . . . . 410 kilog.
   4 roues et 2 essieux. 530
   Citerne. 224
   Eau, environ 1,200
   Charbon. 1,200
                    ————————
        TOTAL. . . . 3,564

Les machines locomotives de Killingsworth se
rapprochent, dans les parties essentielles, des machines de Bolton ; nous emprunterons encore à
M. Wood les résultats généraux des expériences
qu'il a faites avec celles de Killingsworth.

Ces expériences ont eu lieu avec une machine
locomotive, dont les cylindres étaient verticaux,
les roues en fonte trempée, de 4 pieds ($1^m,22$)

de diamètre, les essieux liés entre eux par une chaîne sans fin, la chaudière ayant 8 pieds de long et 4 pieds de diamètre. Le poids de tout l'appareil, y compris 1 tonne (1,015 kil.) d'eau, était 16,800 livres; enfin, le frottement total des différentes parties (pistons, roues, essieux, etc.) de la machine avait été reconnu par l'expérience être de 384 livres lorsqu'elle est mise en mouvement par la vapeur.

M. Wood a déterminé le maximum de charge que peut tirer, par le temps le plus mauvais, sans glisser, une machine locomotive sur un chemin de fer de niveau. Il a trouvé que ce maximum correspondait à une résistance égale à la vingt-cinquième partie de son poids, ou, en d'autres termes, que le frottement ou l'adhérence que la machine était susceptible de vaincre sans glisser était la vingt-cinquième partie de son poids. D'après cela, on peut calculer les charges qu'elle traînera sur une pente donnée, et la limite de pente à laquelle elle cessera de pouvoir traîner une charge quelconque.

Voici un tableau établi par M. Rankine, dans une petite brochure publiée sur les routes en fer (1). Il suppose l'état des rails le plus défavo-

Charge.

------

(1) *A popular exposition of the effect of forces applied*

5.

rable possible, et part en conséquence du coef-
ficient $\frac{1}{21.62}$ au lieu de $\frac{1}{25}$. Le poids de la machine est 16,801 livres.

Inclinaison du plan.	Résistance que la machine peut vaincre calculée en livres.	Poids traîné calculé en tonnes et quint.	
1 sur 400	735	43	15
1 sur 300	721	38	12 1/2
1 sur 200	693	30	18 1/2
1 sur 150	665	23	9
1 sur 120	637	21	6 1/2
1 sur 100	609	18	2 1/2
1 sur 80	567	14	8 2/3
1 sur 50	441	14	17 1/2
1 sur 30	217	2	10 1/2
1 sur 21,62	…	… … …	

Relation en-
tre la consom-
mation en
combustible
et la vitesse
du piston,
etc.

2°. Ce qui a été dit plus haut des machines
fixes à haute pression, relativement aux change-
mens qu'apporte dans la consommation en combustible l'augmentation de rapidité du piston,
est également applicable aux machines locomotives. M. Wood a d'ailleurs confirmé, par des expériences concluantes, ce résultat, auquel conduit le raisonnement.

---

to *Draught, etc.*, by David Rankine, Glasgow, John Smith
and son, 1828, page 41.

3°. La consommation en combustible diminue par l'augmentation du diamètre des roues, ou, en d'autres termes, l'espace parcouru en un certain temps augmente avec ce diamètre, sans que la consommation en combustible varie dans une aussi forte proportion.

Ce résultat est une déduction d'un tableau d'expériences faites par M. Wood ; mais on peut également y arriver *à priori*. En effet, le frottement de la machine locomotive comprend, outre celui des roues sur les essieux, celui des différentes parties de la machine entre elles. Ces deux élémens restent les mêmes pour chaque tour de roues, quel que soit leur diamètre, pourvu que celui des essieux ne change pas. Par conséquent, plus les roues sont grandes, plus ils sont petits pour un même espace parcouru, et de là aussi plus la consommation en combustible que le frottement nécessite est faible.

4°. D'après les expériences, la consommation en combustible diminue lorsque l'on augmente, dans de certaines limites, la partie du tube renfermant le foyer qui est en contact avec l'eau.

M. Wood explique ce résultat en faisant observer que, dans de petits tubes, l'intensité de la chaleur nécessaire pour entretenir une génération de vapeur suffisante produit une combustion plus rapide, par suite de laquelle une plus grande partie de houille imparfaitement brûlée est emportée dans la cheminée.

5°. Les expériences étant faites avec la machine décrite précédemment, le feu étant renfermé dans un seul cylindre de 22 pouces de diamètre, et la machine parcourant 9,45 milles en une heure vingt-six minutes quatorze secondes, ou environ 6,56 milles (10548^m.) par heure, et traînant douze chariots, dont le poids total était 975 quintaux (49481^k.) et le frottement évalué à 40 livres chaque, ou 480 livres pour les 12 , on a trouvé que 51,55 livres (25^k,36) de houille de Newcastle étaient suffisantes pour traîner à 1 mille anglais (1,609 mètres) les 975 quintaux de la charge, et le poids de la machine , 16,800 livres (7612 kil.), ou , ce qui revient au même, pour surmonter la résistance de 480 livres, plus celle de la machine , ou 384 livres ; en tout 864 livres (0,391 kil.).

Désignant par R le frottement d'un autre convoi de chariots et par R′ le frottement total d'une autre machine locomotive de même construction , M. Wood établit que l'on peut passer de la consommation à laquelle il est parvenu dans le cas détaillé plus haut à celle qui aurait lieu pour une charge quelconque et une machine de poids différent par la formule

$$\frac{51,55\ (\mathrm{R} + \mathrm{R}')}{864}$$

Ainsi, d'après les expériences, la consommation en combustible pour des machines locomotives de même construction serait proportionnelle à la somme des frottemens du convoi et de
la machine, et si l'on suppose le poids d'un chariot 24 quintaux, elle s'élèverait à 51,55 liv. pour
traîner 975—288 = 687 quint. de marchandises
à un mille, ou environ 1,5 liv. pour transporter
une tonne à la même distance (env. 0,42 kil. pour
une tonne à 1 kilomètre).

Dans le cas de machines plus ou moins parfai-
tes que celles de Killingsworth et de houille d'une
qualité moindre que celle de Newcastle, le coefficient 51,55 devrait être changé par l'expérience.
M. Tredgold admet, avec les machines actuelles,
une consommation de $1\frac{1}{2}$ livre de houille de Newcastle pour le transport d'une tonne de marchandises à 1 mille. MM. Walker et Rastrick, d'après la
moyenne des consommations de quatre ou cinq
machines locomotives différentes, estiment qu'il
faut brûler $2\frac{1}{2}$ livres de houille ordinaire, ou
environ 2 liv. de houille de Newcastle, pour produire le même effet.

Voici enfin, sur les machines locomotives,
quelques résultats pratiques extraits de nos notes.

A Killingsworth, la route en fer a 5 milles
(8045^m.) de longueur; la pente, en montant,
pour les chariots chargés, ne dépasse jamais

$\frac{1}{350}$; la pente, au retour, c'est à dire pour les chariots non chargés, s'élève jusqu'à $\frac{1}{100}$.

On n'emploie sur cette route que des machines locomotives. Elles sont au nombre de quatre, dont trois seulement servent en même temps, la quatrième étant pour les cas d'accidens. Chacune est de la force de huit chevaux, la pression sur la soupape de sûreté est de 5o liv. par pouce carré ; la rapidité de la marche avec la charge est d'environ 6 milles (9654^m.) par heure; mais, les arrêts compris, elles ne parcourent pas plus de 5o milles (8o4oo^m.) dans les douze heures dont se compose la journée de travail.

La charge est communément de 12 à 13 chariots : soient douze chariots, le poids de chaque chariot plein est d'environ 4 tonnes, dont 24 quintaux pour le chariot et 56 quintaux pour la houille ; le poids de la machine 6 $\frac{1}{2}$ tonnes, et celui de l'eau qu'elle renferme 1 tonne, le poids du chariot d'alimentation 1 $\frac{1}{2}$ tonne : ainsi, la charge totale est d'environ 57 tonnes.

La consommation en combustible est d'environ 1 tonne en douze heures, charbon 2e. qualité.

D'après M. Robert Stephenson, la charge la plus convenable pour une machine de huit à dix chevaux sur un chemin de niveau est de 5o tonnes, la vitesse de 5 à 6 milles par heure; on lui fait quelquefois parcourir 7 milles, comme à Bolton. La

consommation en combustible de machines semblables à celles de Bolton est de deux boisseaux
(*winchester bushel*) en douze heures par force de
cheval ; ce qui fait environ $\frac{3}{4}$ tonnes en douze
heures pour une machine de dix chevaux.

COMPARAISON ENTRE LES DIVERSES ESPÈCES DE MOTEURS.

Les chevaux peuvent être employés en plaine
ou aux montées , pourvu que celles-ci ne soient
pas très fortes. La gravité ne sert que sur les
plans inclinés ; les machines fixes sont applica-
bles en plaine ou aux montées ; les machines locomotives ne conviennent plus dès que la pente
dépasse une certaine limite.

Les chevaux, comme les machines locomotives, ont leur propre poids à transporter, ce qui
diminue leurs avantages à la montée. Le degré
de vitesse (6 milles à l'heure) avec lequel on effectue communément les transports par machines locomotives ou machines fixes est beaucoup
au dessus de celui qu'il convient de donner aux
chevaux (de 2 à 2 $\frac{1}{2}$ milles à l'heure) pour tirer
tout le parti possible de leur force. Les chevaux
dégradent le milieu des routes avec leurs pieds ;
mais ils ne font pas supporter aux rails un poids
considérable , comme les machines locomotives,

et, d'après le témoignage de M. Storey, l'un des directeurs du chemin de Darlington, ils n'occasionent pas la rupture d'un aussi grand nombre de chariots que les machines fixes ou locomotives. M. Storey explique ce dernier résultat en faisant observer que les transports ayant lieu avec beaucoup plus de rapidité par machines que lorsque l'on se sert de chevaux, les chocs produits par une cause quelconque sont aussi plus violens dans le premier cas que dans le second.

Il paraît que, dans les pays où la houille est à très bon marché et le fourrage cher, les chevaux occasionent en plaine des frais de halage plus élevés que les machines locomotives. La différence cependant doit être très petite; car plusieurs personnes dignes de foi nous ont assuré que sur la route de Darlington à Stokton, où la houille est à un prix moyen pour l'Angleterre, le coût du transport par chevaux était à peu près balancé par celui du transport avec machines locomotives.

La gravité est un moteur dont on fera toujours bien de se servir lorsque cela sera possible; il ne coûte rien, on ne peut l'employer cependant sans des frais assez considérables de cordes, treuils et main-d'œuvre.

Les machines fixes présentent également le grave inconvénient d'exiger des cordes, treuils, etc., pour la transmission du mouvement, ce qui augmente considérablement la dépense. Elles ont à vaincre, outre le frottement des chariots, celui des câbles et de tout l'appareil au moyen desquels elles agissent. S'il leur arrive quelque accident, et que l'on n'ait pas une machine et des cordes de rechange prêtes, tout le convoi doit cesser de marcher. On ne peut, lorsqu'on se sert de machines fixes, arrêter aussi facilement le convoi pour prendre des marchandises ou des voyageurs, que lorsqu'on emploie les machines locomotives. Le temps que font perdre les arrêts, tels que chargement, changement de moteur, etc., etc., est plus grand avec les machines fixes qu'avec les machines locomotives. Il faut remarquer cependant que ces différentes opérations se font en Angleterre avec une prodigieuse rapidité : nous en avons été témoins en parcourant sur les chariots la ligne du chemin de M. Thomson, près Newcastle, sur une longueur de 9 $\frac{3}{4}$ milles.

D'un autre côté, les machines fixes exigent moins de combustible et du combustible de moindre qualité que les machines locomotives. Les transports augmentant, on peut accroître la force de la machine sans ajouter au nombre des ouvriers, tandis qu'au contraire, avec les machines locomotives, on augmente plus volontiers le nombre des machines que leur force. Les machines locomotives traînent leur propre poids, qui est considérable, puisqu'il s'élève quelquefois à près de 10 tonnes, et ne saurait être abaissé au dessous de certaines limites. Elles fatiguent beaucoup les rails, par la grande pression qu'elles leur font supporter. Enfin, la force des machines fixes, pendant qu'elles n'effectuent pas de transports, peut être utilisée : elle peut servir, par exemple, à faire marcher un moulin à blé ou une scierie.

Quant au coût définitif du transport par l'une ou l'autre espèce de moteurs, résultat qui décide la question, on pourra s'en faire une idée en comparant entre eux les divers élémens que nous venons de passer en revue; mais on sent qu'il variera avec les localités. Voici toutefois le tableau comparatif des dépenses générales qu'occasioneraient sur le chemin de Liverpool à Manchester l'emploi des machines fixes et celui des machines locomotives, ces dernières ne servant que sur les parties à peu près de niveau : il a été calculé par MM. Rastrick et Walker.

SYSTÈME.	CAPITAL des machines et de leur attirail.			Dépenses ann., y compris les intér. du capital des machines.			Dép. pour traîner une tonne à 1 mille.
	liv. st.	sh.	pen.	liv. st.	sh.	p.	pences.
Des mach. locomotives.	90,403	14	3	43464	9	o	0,2780
Des machines fixes.....	100,862	1	o	33317	7	3	0,2135
DIFFÉRENCE..	10,458	6	9	10147	1	9	0,0651
S. des mach. locomotiv.	Moins.			Plus.			Plus.

Ou en mesures françaises :

SYSTÈME.	CAPITAL des machines et de leur attirail.			Dépenses ann., y compris les intér. du capital des machines.			Dep. pour traîner une tonne à 1 kilom.
	fr.	c.	"	fr.	c.		centim.
Des mach. locomotives.	2,273,653	40	o	1,093,130	95	"	1,74
Des machines fixes.....	2,356,680	55	o	837,032	55	o	1,33
DIFFÉRENCE..	263,027	15	o	255,199	40	o	0,41
S. des mach. locomotiv.	Moins.			Plus.			Plus.

On voit que, dans les circonstances où l'on se trouve à Liverpool, l'emploi des machines locomotíves exigerait une mise de fonds moindre que celui des machines fixes, mais qu'il occasionerait des frais de halage plus élevés.

Il est bon cependant d'observer que ces calculs ont été établis dans la supposition d'une vitesse de 10 milles à l'heure, et que cette vitesse, sous le rapport de l'économie, est peu avantageuse, surtout pour les machines locomotives qui ont leur propre poids à mouvoir.

On a aussi cet avantage avec les machines locomotives de pouvoir les multiplier suivant les besoins, tandis qu'il faut de suite construire un nombre de machines fixes proportionné à la quantité présumée de transports.

D'un autre côté, les intérêts du capital du chemin et les frais de son entretien ne sont pas compris dans les estimations qui précèdent, et on doit se rappeler que les machines locomotives exigent l'emploi de rails plus forts que les machines fixes.

DU TRACÉ DES CHEMINS DE FER.

Considérations générales.

Le choix et le tracé d'une ligne sont les plus importans sujets de méditation pour l'ingénieur de chemins de fer. Il y a, dans l'un et l'autre problème, deux questions à résoudre, une question purement commerciale et une question d'art. Il faut combiner habilement les élémens que fournit la solution de chacune d'elles prise séparément, de manière à avoir le produit le plus grand possible pour solution de la question générale; ou, en d'autres termes, il s'agit de choisir parmi plusieurs suites de points celle par où passe un chemin sur lequel le calcul donnera la plus grande somme possible pour les bénéfices pécuniaires, dont l'expression est le montant présumé de la perception des taxes, diminué de l'intérêt des capitaux engagés, de leur dépréciation, des frais d'entretien et d'administration et des frais de transports. L'appréciation du montant des taxes que l'on peut espérer de percevoir sur une certaine ligne et les dépenses de l'administration se rapportent ici à la question commerciale; le calcul des capitaux que nécessiteront probablement les travaux d'art, le matériel, etc., ainsi que celui de leur dépréciation, des frais d'entretien et des frais de transport regardent plus particulièrement l'homme de l'art.

Il est clair qu'il n'y a pas de règles fixes à prescrire pour arriver au résultat énoncé ci-dessus; c'est la sagacité de l'ingénieur qui doit décider de la meilleure marche à suivre dans chaque cas. Nous allons par conséquent nous borner à quelques remarques générales.

Tonnage.

L'élément principal de la question commerciale est le tonnage ou la quantité de marchandises qui doit circuler sur la ligne du chemin.

D'après les dépenses et les profits des différentes grandes routes en fer que l'on a établies
dans la Grande-Bretagne et en France, ou d'a-
près les prospectus de celles qui sont en projet
dans l'un et l'autre royaume, il ne paraît pas que
l'on puisse, à moins de circonstances extrêmement favorables, tirer un intérêt raisonnable
des capitaux lorsque le mouvement commercial
est moindre que 50,000 tonnes.

De Darlington à Stokton, le mouvement commercial est de 80 à 100,000 tonnes. De Liverpool à Manchester, on compte, d'après le rapport
déjà cité de M. Rastrick, sur environ 1,100,000
tonnes de marchandises, dans une année de trois
cents jours de travail, et 36,000 tonnes de voyageurs. Sur les 1,100,000 tonnes de marchandises, 600,000 ne parcourent qu'une partie de la
route. De Saint-Étienne à Andrezieux, on a transporté de 50 à 60,000 tonnes; de Roanne à Andrezieux, on compte sur 160 à 180,000 tonnes à
l'ouverture du chemin, et on calcule que 130,000
tonnes environ donneront un intérêt de 10 pour
100 dans le cas d'une voie. De Saint-Étienne à
Lyon, on espère de 300,000 à 350,000 tonnes de
marchandises et un grand nombre de voyageurs.

Considérations d'art.

La question du tracé des chemins de fer étant
considérée sous le point de vue de l'art, il est
certaines règles pour la résoudre, qui s'appliquent à toute espèce de routes ; nous n'avons pas
à nous en occuper. Nous jetterons seulement un
coup-d'œil sur quelques unes des circonstances
les plus importantes dans le cas particulier des
routes à ornières.

Avant de commencer le tracé d'un chemin à Généralités.
ornières, la première chose à faire est d'établir
exactement le coût du transport avec chaque espèce de moteurs, en plaine et sur les diverses
espèces de pentes que l'on peut avoir à franchir.
Il faut ensuite examiner dans quel sens le mouvement commercial est le plus grand ; car le tracé
doit être tel que le transport s'effectue le plus
facilement dans cette direction. Dans le cas des
chemins de fer, lorsqu'on suppose qu'il y aura
économie à employer les machines comme moteurs, il ne convient plus, comme pour quelques grandes routes pavées ou macadamisées,
de suivre les ondulations du terrain; mais devra-
t-on franchir les collines en se développant sur
leurs flancs et établissant de grands plans inclinés, au haut desquels on placera des machines

6

fixes, ou sur lesquels on fera usage de l'effet de la pesanteur? Divisera-t-on plutôt la ligne en une série de parties de niveau et de petits plans inclinés, disposés de distance en distance, comme les écluses d'un canal, que l'on franchira aisément avec des chevaux ou même des machines locomotives, ou bien vaudra-t-il mieux, lorsque les circonstances le permettront, percer un souterrain ou faire une coupure, et conserver ainsi à la route soit une horizontalité parfaite, propre à la circulation en tout sens par tout autre moteur que la gravité, soit une pente extrêmement douce, sur laquelle les chariots descendront par leur propre poids et pourront être ramenés par une machine locomotive? Toutes ces questions doivent se résoudre par des calculs basés sur le coût des transports par telle ou telle espèce de moteurs et sur celui des travaux d'art. Il est bon d'observer cependant que les grands plans inclinés paraissent être généralement en usage en Angleterre, et que nous n'avons ouï parler d'aucun chemin où l'on ait divisé la pente en parties de niveau et en plans inclinés de très peu de longueur, comme ont proposé de le faire plusieurs ingénieurs célèbres.

Pentes *maxima.*

Sur les routes ordinaires, on ne craint pas, en Angleterre, une pente moindre que $\frac{1}{30}$; mais sur les chemins de fer, cette pente devra être beaucoup plus faible, surtout s'il s'agit d'employer des machines locomotives. Les renseignemens que nous avons donnés sur la force de ces machines mettront à même de calculer la plus grande inclinaison, sur laquelle l'économie du transport permettra de les adopter dans une certaine localité.

Enfin, on devra, dans le tracé d'un chemin de fer, éviter les grands circuits ; ils sont surtout nuisibles sur les plans inclinés, quoique en Angleterre des raisons d'économie aient quelquefois forcé à adopter des courbes même dans ce cas. On sent en effet que, dans les circuits, le rebord des roues de chariots étant ordinairement en dedans, une partie de ce rebord appartenant aux roues qui marchent sur la file de rails de la plus grande courbe lui fait corde, et que le rebord des roues qui marchent sur les rails de la plus petite courbe est tangent à celle-ci. De cette manière, les deux roues qui tournent sur la grande courbe éprouvent un frottement beaucoup plus grand que sur une ligne droite. On a imaginé de porter la plus grande partie du poids du chariot sur les deux autres roues, en plaçant la file de rails de la plus grande courbe plus haut que celle de la plus petite ; mais cela ne remédie pas entièrement au mal : aussi les courbes de la grande route de Liverpool à Manchester ont-elles toutes au delà de 500 mètres de rayon, ex-

6.

cepté une courbe de peu de longueur, à l'entrée de Manchester, à laquelle on a été obligé de donner 180 mètres.

MM. Seguin ont fait de grands sacrifices pour donner à toutes leurs courbes, sur la route de Saint-Étienne à Lyon, 5oo mètres au moins de rayon. Il paraît qu'à Darlington il y a des courbes d'un assez petit rayon, qui occasionent une augmentation notable dans les frais de transport. Sur le chemin de Saint-Étienne à Andrezieux, les courbes ont de 75 à 100 mètres : c'est une faute de construction dont on n'avait pas pu prévoir les inconvéniens lorsqu'on a construit ce chemin de fer, le premier de quelque étendue que l'on ait vu en France. Le chemin de Roanne à Andrezieux aura des courbes de 2oo mètres ; mais on les a adoptées par pure raison d'économie.

On ne trouve nulle part de résultats d'expériences faites pour déterminer l'augmentation de force motrice que nécessitent sur les chemins de fer certaines courbures et de l'évaluation des extra-réparations aux rails qu'elles occasionent. Sans des données numériques à cet égard, il est impossible de balancer exactement les dépenses qu'épargne ou entraîne l'adoption de courbes d'un certain diamètre.

Tracé de différentes routes en fer.

Voici maintenant des détails sur le tracé de plusieurs routes en fer.

Le profil de la route de Liverpool à Manchester est une ligne brisée, qui se compose de parties droites, dont nous donnons dans le tableau suivant la longueur et l'inclinaison.

| Route de Liverpool à Manchester. | Longueur | | Inclinaison | | | | Observations. |
| | Milles. | Kilomètres. | En montant | | En descendant | | |
			Par yard.	Par mètre.	Par yard.	Par mètre.	
Galerie.	$1\frac{1}{2}$	2,010	$\frac{1}{4}$ pouce.	0,0208	»	»	La première partie, longue de $1\frac{1}{4}$ de mille, correspond à la galerie ou tonnelle placée à l'entrée de Liverpool.
	$5\frac{3}{4}$	9,246	$\frac{11}{100}$ ligne.	0,0009	»	»	M. Walker, dans une 2e. édit. de son *Rapport sur les Moteurs*, que nous venons de recevoir, donne une section qui offre de légères différences avec celle-ci. Peut-être, depuis notre voyage en Angleterre, a-t-on fait subir quelq. modifications aux anciens plans.
Rainhill-Plane.	$1\frac{1}{2}$	2,412	$\frac{1}{8}$ pouce.	0,0104	»	»	
	2	3,216	»	de niveau.		»	
Sutton-Plane..	$1\frac{1}{2}$	2,412	»	»	$\frac{1}{8}$ pouce.	0,0104	
	$2\frac{1}{2}$	4,020	»	de niveau.		»	
	7	11,256	»	»	$\frac{17}{100}$ ligne.	0,0009	
	$9\frac{1}{4}$	14,472	$\frac{11}{100}$ ligne.	0,0007	»	»	

La longueur totale est de 31 ¼ de mille
(5028¹ᵐ.).

MM. Walker et Rastrick ont proposé deux combinaisons différentes de moteurs pour cette route.

D'après la première combinaison, on placerait
au sommet de chacun des plans inclinés de Rainhill et Sutton deux machines de cinquante chevaux, au sommet de la galerie deux machines de
soixante chevaux, et le service se ferait, sur les
autres parties de la route, avec cent deux machines locomotives de dix chevaux chacune.

D'après la seconde combinaison, tous les transports se feraient avec des machines fixes ; on placerait au sommet de chacun des plans inclinés
de Rainhill et Sutton deux machines de soixante
chevaux chacune, et au sommet de la galerie
deux machines de soixante-quinze chevaux. On di-
viserait la partie du chemin comprise entre la galerie et le pied du plan incliné de Rainhill, en quatre stations éloignées de 1 ½ mille (2,400ᵐ.) l'une
de l'autre, et on placerait deux machines de trente
chevaux à chacune des trois premières stations et
deux machines de vingt chevaux au bas du plan
incliné. Il y aurait deux machines, de vingt chevaux chacune, entre les plans inclinés de Rainhill
et de Sutton, en un point également distant de
leurs sommets ; enfin, l'espace entre le pied de
la rampe de Sutton et Manchester serait partagé

en quatorze stations, éloignées l'une de l'autre de
1 ½ mille, excepté l'avant-dernière, située à un
mille de Manchester. Deux machines, chacune
de vingt chevaux, seraient placées au bas du plan
incliné, deux machines de douze à Manchester,
et un couple de machines de trente chevaux à
chacune des autres stations.

M. le chevalier Masclet a donné, dans le *Journal du Génie civil*, des renseignemens sur la route
de Darlington. Nous en extrayons ce qui suit (1) :
« Cette ligne a été assez généralement favorisée
par le niveau du terrain, à l'exception des cinq
premiers milles, depuis le point du départ, où
l'inégalité du sol a dû rendre le tracé de la ligne
irrégulier. Elle commence dans la vallée où coule
la Wear, dont la rive droite est distante d'un
mille de Wilton-Park et Etherley : son point d'é-
lévation au dessus du niveau de la mer est de
470 pieds anglais. Entre cette vallée et la rivière
Gaundless, branche de la Wear, le terrain s'é-
lève graduellement et forme l'escarpement d'É-
therley, qu'il est nécessaire de franchir. Son élévation est de 646 pieds au dessus du niveau de
la mer. On découvre, du sommet, la vallée de
Gaundless, qui s'abaisse à une profondeur de

Route de
Darlington à
Stokton.

_____

(1) Voyez *Journal du Génie civil,* troisième livraison
de 1828.

320 pieds. Comme il serait impraticable de la combler, au moyen d'une digue, pour le passage de la voie de fer, celle-ci descend dans la vallée par un plan incliné, et remonte par un plan opposé le monticule nord de Brusselton jusqu'à la hauteur de 470 pieds, au revers de laquelle elle retrouve, après une contre-pente douce peu prolongée, un terrain de niveau, et qui varie peu pendant les vingt milles qui lui restent à parcourir pour arriver à Stokton.

» Nous avons dit, dans le premier exposé, que, sur toute la ligne, les voitures de transport n'ont à franchir que les hauteurs d'Étherley et de Brusselton, par des plans inclinés plus ou moins faciles et à l'aide de machines à vapeur placées sur leur sommet. La machine à vapeur d'Étherley est de la force de trente chevaux, celle de Brusselton de soixante ; elles enlèvent un train de huit chariots chargés de vingt et un tonneaux pesant de charbon, formant trente et un tonneaux avec les dix du poids des voitures. La rampe à gravir, à Étherley, est d'un demi-mille et l'élévation perpendiculaire est de 180 pieds. La descente du revers est de plus d'un mille et de 312 pieds. . Les chariots descendent entraînés par leur propre poids, et le câble auquel ils sont attachés, se déroulant autour d'un cabestan, sert à en régulariser la descente et à modérer sa rapidité ; il prend et élève, en retour, les chariots vides venant de Stokton : le convoi descendu du plan incliné d'Étherley arrive , au bout de $\frac{5}{4}$ de mille, au pied du plan incliné de Brusselton, qu'il franchit par le même moyen. Le plan ascendant est de la longueur d'un mille sur une hauteur perpendiculaire de 150 pieds ; la descente au revers est, sur 90 pieds de perpendiculaire, d'un peu moins d'un demi-mille. Du pied de la colline de Brusselton jusqu'à Stokton, distant de vingt milles, on ne rencontre plus d'obstacles ; le terrain , quand il n'est pas parfaitement de niveau, n'ayant qu'une pente de 1 sur 104. »

Route établie par M. Thompson aux environs de New-castle.

Voici, pour la route en fonte que M. Thompson a établie récemment aux environs de Newcastle-sur-Tyne, un tableau semblable à celui que nous avons donné pour celle de Liverpool.

Mode de transport	DÉSIGNATION des subdivisions de la ligne	LONGUEUR		INCLINAISON			
		Yards	Mètres	EN MONTANT		EN DESCENDANT	
				En fractions ordin.	En fractions décim.	En fractions ordin.	En fractions décim.
Tr. eff. par mac. fixes.	De Fawdon........	11	10,06	»	de	niveau	
Transports effectués avec des chevaux.	Plan dit *Brunton-Plane;* machine de 12 chevaux............	924	844,62	$\frac{1}{52}$	0,0190	»	»
	Plan dit *Triune-Plane :*						
	1re. partie.........	924	844,62	»	de	niveau	
	2e. partie.........	550	502,75	$\frac{1}{1800}$	0,0006	»	»
	3e. partie.........	880	804,40	»	de	niveau	
	4e. partie.........	528	482,64	»	»	$\frac{1}{240}$	0,0042
	Plan dit *Wide Open-Plane*	704	643,53	»	»	$\frac{1}{78}$	0,0128
	Plan dit *Weetslade-Plane :*						
	1re. partie.........	1232	1126,17	$\frac{1}{514}$	0,0019	»	»
	2e. partie.........	1078	987,40	$\frac{1}{600}$	0,0017	»	»
	Plan dit *Killingworth-Plane*; mach. de 24 chevaux :						
	1re. partie.........	352	321,66	$\frac{1}{80}$	0,0125	»	»
	2e. partie.........	935	854,68	$\frac{1}{58}$	0,0172	»	»
Transports effectués par machines fixes ou par la gravité.	Plan dit *Bacworth-Plane*; machine de 6 chevaux :						
	1re. partie.........	1260	1151,77	»	»	$\frac{1}{150}$	0,0067
	2e. partie.........	1056	965,29	»	»	$\frac{1}{100}$	0,0100
	Plan dit *Shiremoor-Plane*; mach. de 12 ch.	1562	1427,82	$\frac{1}{171}$	0,00584	»	»
	Plan dit *Murton Row-Plane*.........	1760	1608,82	»	»	$\frac{1}{123}$	0,0081
	Plan dit *Flateworth-Plane*; mac. de 24 ch.						
	1re. partie.........	2068	1800,36	»	»	$\frac{1}{63}$	0,0159
	2e. partie.........	596	544,80	»	»	$\frac{1}{128}$	0,0078
	Plan dit *Percy-Plane*; mach. de 8 chev..	800	731,28	»	»	$\frac{1}{85}$	0,0119
	Parties (*siding*) entre les plans inclinés.....	95	86,84	»	»	$\frac{1}{180}$	0,0056
	Plan dit *Tyne-Plane*, construit en planches au dessus des talus de la Tyne.............	180	164,54	»	»	$\frac{1}{12}$	0,0853

La longueur totale de la route est de 17375 yards ou 9 ¾ milles, plus 193 yards ou 15,882 mètres.

M. Rastrick, qui a visité cette route après nous, a reconnu que la puissance que l'on attribue aux différentes machines placées au sommet des plans inclinés avait été mal appréciée. Ainsi, il a observé que :

		faisait l'ouv. de
La mach. du *Brunton-Plane,* dite de 12 chev.	16 à 22 ch.
du *Killingworth-Plane.* de 24 chev.	36 à 46 ch.
du *Backworth-Plane*... de 6 chev.	10 à 12 ch.
du *Shiremoor-Planc*... de 12 chev.	12 à 13 ch.
du *Flateworth-Planc*.. de 24 chev.	18 à 24 ch.
du *Percy-Plane*...... de 8 chev.	12 à 13 ch.

La machine de Shiremoor ne traîne ordinairement que huit chariots avec leur charge (15631 kil.), celle de Flateworth en met jusqu'à seize en mouvement.

Route aux environs de Glascow. La nouvelle route que l'on fait près de Glascow, entre le canal dit *Junction-canal* et le chemin de fer appelé *Monkland-road*, a, sur une longueur de 2 ½ milles à peu près (4 kilom.), une pente de $\frac{1}{55}$ à $\frac{1}{60}$ (de 0,0182 à 0,0167), puis elle reste constamment de niveau. On n'était pas encore décidé sur la nature du moteur dont on se servirait.

La route de Saint-Étienne à Lyon a une pente

uniforme, en descendant, de 0,013446 entre Saint-Étienne et Rive-de-Gier.

De Rive-de-Gier au pont du canal, l'inclinaison est de 0,00569, et de ce point jusqu'à Lyon elle ne s'élève jamais au dessus de 0,00056. On paraît être dans l'intention d'employer sur cette route des machines locomotives.

La route de Saint-Étienne à Andrezieux, destinée à être parcourue par des chevaux, suit généralement les accidens du terrain.

Enfin, voici un profil de la route de Roanne à Andrezieux, que MM. Mellet et Henry ont bien voulu nous communiquer :

	LONGUEUR. Mètres.	INCLINAISON	
		EN MONTANT, par mètre.	EN DESCENDANT, par mètre.
DÉPART de Roanne.	3035	0,001650	»
	3380	0,003850	»
	2260	0,006373	»
	6342	0,008500	»
	1050	0,041900	»
	1750	0,008500	»
	2010,50	0,045200	»
	650	niveau.	»
	2010,50	»	0,045200
	4400	»	0,001500
	1745	»	0,045200
	1670	niveau.	»
	9300	0,001500	»
	11253	0,000950	»
	6490	0,000800	»
	7810	0,005600	»
	1000	0,030000	»
	600	niveau.	»
	1000	»	0,038900
	40	niveau.	»
Long. totale.	67796		

Il est probable que l'on placera des machines à vapeur au sommet des principales pentes, et que l'on disposera des treuils de manière à pouvoir faire usage de la force de la pesanteur. Quant au moteur qui sera employé dans les parties peu

inclinées ou de niveau, il n'y a encore rien de
décidé à cet égard.

FRAIS D'ÉTABLISSEMENT, D'ENTRETIEN
ET DE HALAGE.

Nous avons vu précédemment que le succès *Généralités*
d'une entreprise de chemin de fer ne pouvait
être calculé avec certitude qu'après avoir établi
un devis exact des frais de construction, d'entretien et de halage. Nous avons en France, pour
déterminer le coût des travaux d'art, les données
que nous fournit la construction des routes ordinaires; mais il nous manque des renseignemens précis sur les frais d'entretien et de halage.
Les circonstances en Angleterre sont différentes;
cependant il n'est pas tellement difficile de les
comparer à celles qui se rencontrent en France,
pour qu'on ne puisse, par analogie, déduire avec
un degré d'approximation suffisant les frais d'entretien et de halage dans ce pays de ceux qui seraient donnés pour l'Angleterre. Nous regret-
tons beaucoup de ne pouvoir en présenter un
compte détaillé ; nous ne l'aurions trouvé que
dans le livre de l'administration des compagnies
de chemin de fer, et il nous eût fallu, pour obtenir la confiance des directeurs, prolonger notre
séjour au delà des limites de temps dans lesquel-

les nous restreignaient nos autres occupations. Nous nous bornerons donc à citer quelques nombres, qui, bien que ne formant pas par leur réunion un ensemble complet, ne seront cependant pas sans intérêt.

Frais d'établissement.

En Angleterre, les travaux, autant que cela peut se faire, se donnent à l'entreprise; très peu s'exécutent en régie. Sur la nouvelle route de Glascow, on fournissait aux entrepreneurs les rails en fer, ainsi que les supports en bois pour établir les chemins provisoires dont ils se servent pour les transports de déblais ; mais ils se procuraient les chariots et tous les outils qui leur étaient nécessaires.

Au surplus, des détails sur ce sujet se rapportant à la construction de toute espèce de routes, nous ne nous y arrêterons pas. On en trouvera dans les ouvrages de M. Dupin, de M. Dutens, d'Edgeworth et d'autres auteurs qui ont écrit sur la matière.

Nous tâcherons de nous former une idée du prix de construction d'une certaine étendue de route en fer et du rapport qui existe entre ses divers élémens en étudiant les devis des princi-

pales voies de ce genre, construites, en construction ou en projet.

Voici deux devis de la route de Liverpool à
Manchester correspondant à deux projets différens, l'un de M. Rennie, l'autre de M. Stephenson. C'est le plan de M. Rennie qui a été adopté,
quoique les dépenses d'exécution soient plus
considérables, parce que de trop fortes opposi-
tions se sont élevées au Parlement contre celui
de M. Stephenson; mais c'est M. Stephensou qui
a été chargé de la direction des travaux. Ces devis
nous ont été communiqués par M. Stephensou
lui-même.

	liv. st.	liv. st.	
Achats de terrain...............	74,685	70,000	
Travaux de terrassemens, ponts et maçonnerie, barrières, etc............	224,946	110,248	Devis de la route de Liverpool à Manchester.
Galerie (*tunnel*).............	25,932	»	
Façon de la route et pose des dés..	41,827	30,917	
Rails et chairs (coussinets).....	78,038	77,738	
Hangars, bâtimens, etc.........	25,000	27,000	
Dépenses diverses.............	39,574	26,597	
Magasins, etc., aux points de station de Liverpool et Manchester........	»	30,000	
Chariots pour faire la route......	»	4,000	
Études et Acte du Parlement.....	»	10,000	
Machines locomotives..........	»	13,500	
Total.....	510,002	400,000	

On voit que, dans le devis de M. Rennie, l'Acte
du Parlement, les machines, etc., ne sont pas
comptés. En admettant, puisque les deux lignes

proposées sont à peu près de la même longueur,
que le coût des machines locomotives et chariots
pour faire la route fût le même dans l'un et l'autre cas, et portant la valeur de l'Acte du Parlement à 30,000 liv. sterl. au lieu de 10,000, ce qui
a eu lieu en réalité, nous trouvons, pour le prix
de construction du chemin et le coût des machines
locomotives, une somme d'à peu près 600,000 liv.
sterling (environ 15,000,000 francs) : c'est aussi
l'estimation donnée par le *Journal de Manchester.*

Si de ces 600,000 l. st. on supprime 75,000 l. st.
environ pour frais de matériel, magasins à Liverpool et Manchester et Acte du Parlement, il
restera 525,000 liv. sterl. pour coût approximatif
de la route entière (1). La longueur de ce chemin
étant de 31 $\frac{1}{4}$ milles, cela fait, par mille anglais de
double voie, 16,800 liv., ou, par kil., 262,500 fr.

MM. Walker et Rastrick ont porté la valeur des
machines à une somme beaucoup plus élevée
que M. Stephenson ; car, en supposant un transport journalier de 2,000 tonnes dans chaque
direction, ils ont estimé que le capital des machines serait, si l'on se servait de machines
fixes, 110,162 livres sterling, et si l'on employait
les machines locomotives, 90,504 livres sterling,

----

(1) Il paraît certain maintenant que le prix de construction de cette route dépassera d'environ 100,000 liv. st. les
premiers devis.

encore ces ingénieurs ont-ils fait abstraction du coût de deux machines fixes de soixante chevaux, qui doivent être placées à l'extrémité de la tonnelle, et dont il n'était pas nécessaire de faire entrer les dépenses dans leur calcul, d'après le but qu'ils se proposaient; mais M. Stephenson ne paraît pas s'être attaché à donner une évaluation complète des moteurs, puisqu'il ne fait aucune mention des machines fixes.

Voici actuellement le prix de construction d'un chemin de fer à simple voie établi dans les environs de Glascow :

	liv. st.
Achats de terrains, travaux de terrassement, pose des rails, travaux d'arts, etc.	28,500
600 tonnes de rails en fer malléable, pesant 28 liv. par yard et coûtant 15 liv. st. (375 fr.) la tonne, dont 484 tonnes pour la route et 116 tonnes pour les places de rencontre.	9,000
Coussinets en fonte.	2,000
Jonctions en fonte	170
Chèvilles	30
Dés	1,800
Chariots, supports, etc., que nécessitent les travaux de terrassement	1,000
Acte du Parlement, plans et autres dépenses extraordinaires.	1,500
Direction et levée des plans.	2,000
Dépenses extraordinaires et imprévues.	4,000
TOTAL. . . .	50,000

Si nous soustrayons 1,000 liv. st. pour l'Acte du Parlement, il nous reste, pour les frais de construction de la route, qui a 11 milles de long, 49,000 liv. sterl.; ce qui fait, par mille anglais, 4,454 liv. st., ou, par kilomètre, 63,350 francs.

On trouve dans l'ouvrage anglais de Gray (1) le devis suivant, par M. Jessop, ingénieur civil, d'un chemin de fer à double voie, qui doit être établi entre les canaux navigables de Cromford et de Peak-Forest :

Devis d'un chemin de fer en Derbyshire.

	liv. st.	sh.	d.
Achats de terrain, indemnités, travaux de terrassement, travaux d'arts, études, etc.	42,010	16	8
Galerie de 1,400 mètres..	5,700	»	»
Rails en fer coulé.	61,950	»	»
Dés , coussinets, chevilles , pose, etc...	5,800	»	»
Magasins et places de chargement et déchargement...	2,000	»	»
Dépenses extraordinaires portées à 10 pour 100..	11,746	»	»
Machines à vapeur, etc..	20,000	»	»
	149,206	16	8

Si nous soustrayons le prix du matériel, il nous restera environ 150,000 l. st. pour le coût du chemin , dont la longueur est 52 milles. Cela fait.

____

(1) *Observations on a general iron-rail-way* by Thomas Gray. 5°. édit. London, 1825, p. 33.

donc 4,125 liv. st. par mille , ou environ 64,450 francs par kilomètre.

On rencontre sur la ligne de ce chemin des pentes assez fortes à franchir. Si cependant, dit M. Jessop, d'une part l'état montagneux du pays rend la dépense considérable, d'autre part on trouve en abondance d'excellens matériaux, et on peut considérer les circonstances comme favorables.

Le devis qu'ont publié MM. Seguin des dépenses qu'entraîne la construction de la route en fer à double voie de Saint-Étienne à Lyon est le suivant (1) :

	fr.	c.	
Achats de terrain..............	1,323,439	55	Devis de la route en fer de Saint-Étienne à Lyon.
Terrassemens et maçonnerie.	3,735,456	31	
Rails, à raison de 520 francs la tonne de 1,000 kilog................	1,579,894	36	
Chairs ou coussinets, à 400 fr. la tonne.	303,100	97	
Dés en pierre..............	249,330	01	
Pose..................	107,345	02	
Matériel pour la construction du chemin, hangars, etc................	422,697	97	
Pont de la Mulatière...........	218,328	19	
Traitement d'employés...........	250,636	99	
Frais généraux...............	361,832	04	
Intérêts des fonds, dépenses imprévues..	300,000	»	
Matériel pour le transport, machines locomotives et chariots...........	1,109,510	25	
TOTAL..........	9,961,571	66	

(1) Voyez *Rapports du Conseil d'administration à l'assemblée des actionnaires*, du 20 décembre 1828, p. 24.

Disons 10,000,000. Si l'on soustrait 1,400,000 francs pour matériel et intérêts de fonds pendant la construction, élémens que nous n'avons pas fait entrer dans nos calculs précédens (1), il reste 8,600,000 fr. pour le prix de construction du chemin qui a 56 kilomètres de longueur : cela fait, par kilomètre, environ 153,571 fr.; mais on observera qu'il faudra vaincre de grandes difficultés pour établir cette route, puisque sur 56,000 mètres il y en a 3,920 en perçement.

Les dépenses pour l'établissement du chemin de fer de Saint-Étienne à la Loire se sont élevées à une somme de 1,556,000 f., ainsi répartie :

Prix de construction du chemin de fer de Saint-Étienne à la Loire.

	francs.
Achats de terrain..........................	330,000
Terrassemens, travaux d'arts et ponts.....	368,000
Dés en pierre et pose des rails............	179,000
Fer et fonte achetés en 1825 (s'ils eussent été achetés en 1828, on eût trouvé une économie de 150,000 francs)......................	524,000
Frais généraux de construction, etc........	60,000
Frais généraux de gestion, étude de projets, conduite de travaux......................	95,000
	1,556,000
Chariots pour les transports	230,000

(1) Nous avons fait abstraction de l'intérêt des fonds, parce qu'il ne paraît pas entrer dans d'autres devis que nous citons, et que nous n'aurions pas su comment l'estimer exactement, pour ensuite arriver à une comparaison des différens prix de construction.

Le chemin, avec ses embranchemens, a environ 21 kilomètres de longueur ; il est à simple voie. Nous avons donc, pour le prix du kilomètre, environ 74,095 francs.

Les derniers devis (1), que MM. Mellet et Henry ont présentés à leurs actionnaires, donnent des résultats moins élevés. Voici comment ils ont été établis pour un chemin à une seule voie :

Devis du chemin de fer de Roanne à Andrezieux.

	fr.
Acquisition de terrains, terrassemens et travaux d'arts.	938,000
Rails en fer malléable, à 420 fr. la tonne.. Coussinets en fonte, à 390 fr. la tonne. . . . Dés en pierre, à 1 fr. le dé, chevilles et pose, y compris les objets nécessaires aux doubles passages.	1,394,270
Travaux accessoires, tels que points de chargement, grues, embarcadaires ; etc.	300,000
Frais généraux de conduite, travaux, administration, un dixième.	346,727
Dépenses imprévues, un dixième	346,727
Matériel pour le transport.	835,000
TOTAL.	4,160,724

Si de cette somme nous soustrayons 835,000 francs pour le matériel, il restera 3,325,724 fr.

---

(1) Nouveau Rapport aux actionnaires du chemin de fer de Roanne à Andrezieux. Il n'a pas été publié.

Soient 3,400,000 fr. pour un chemin à simple voie, de 67 kilomètres ; cela fait, par kilomètre, environ 50,746 fr. Cette route est placée dans des circonstances très favorables.

M. Navier a porté à 118,000 fr. par kilomètre le prix de construction d'un chemin à deux voies de Paris au Hâvre (1).

D'après M. Tredgold, la dépense moyenne pour l'établissement d'un mille anglais de chemin de fer à deux voies est de 5,000 liv. st. : cela fait environ 78,125 fr. par kilomètre (2).

M. Thompson, ingénieur civil, compte pour les frais d'établissement d'un chemin de foute à simple voie, dans les environs de Newcastle, qui porterait des chariots contenant 53 quintaux, 1,051 liv. st. 14 shel. 6 d. par mille anglais (3), et M. Buddle, propriétaire et directeur de houillères, 1,041 liv. st. (4). D'après un devis communiqué à M. Baader par un ingénieur très expérimenté (5), on paierait, pour la construction du

---

(1) *Mémoire sur les chemins de fer de Paris au Hâvre.*

(2) *Traité sur les chemins de fer,* traduit par Duverne, page 200.

(3) V. *Newcastle. Magazine.* Mai 1822, p. 266.

(4) V. *Journal du Génie civil.* Août 1829, p. 512.

(5) V. *Sur l'avantage de substituer des chemins de fer à plusieurs canaux navigables ;* par M. J. de Baader, page 133. 1829.

mille anglais de chemin de fer à ornières plates,
dans le pays de Galles, 1,026 liv.; un chemin à
ornières saillantes coûte un peu plus cher : la
dépense n'excède cependant pas 1,200 liv. st. par
mille ; mais dans ces dernières estimations n'ont
pas été comptées les indemnités aux propriétaires
de terrain, les dépenses pour travaux d'art, etc.
Quelque variables que soient ces frais, nous les
porterons à environ 1,000 à 1,100 liv. sterl. par
mille anglais. Ils seront peut-être moindres dans
quelques circonstances, mais ils dépasseront cette
somme dans beaucoup d'autres. On arriverait
ainsi à une moyenne de 2,200 liv. st. par mille
anglais de route en fonte, à une voie, construite
aux environs de Newcastle-sur-Tyne ou dans le
pays de Galles : cela ferait 34,375 francs par kilomètre.

Ces dépenses seraient incontestablement plus
élevées pour un chemin à une voie, établi pour
satisfaire aux besoins d'un commerce très actif et
sur une longueur un peu considérable. Une pareille route exigerait une exécution plus soignée
que les petits chemins à ornières que l'on pose
aux environs des mines ou usines, et qu'on ne
prolonge guère au delà de la plaine qui forme le
fond du bassin houiller ; elle réclamerait aussi
des rails plus forts si l'on voulait y employer les
machines locomotives.

Enfin, le prix du fer étant de 12 à 14 l. st. la tonne, ceux du bois et de la main-d'œuvre étant très peu élevés et les indemnités très faibles , une longueur de 40 milles anglais de chemins en bois et fer a coûté , en Bohème, 94,400 liv. st. (1) ; sur cette somme, il y a 8,303 liv. st. pour le matériel. Nous ignorons s'il s'agit ici en même temps du matériel nécessaire à la construction de la route et de celui qui servira ensuite aux transports. En supposant que le premier cas ait lieu , nous ad-mettrons qu'une partie des chariots dont on aura fait usage pour les terrassemens pourront être employés lorsque la route sera achevée, ou du moins être revendus. En raison de cette cir-constance, et aussi afin de ne pas tenir compte des intérêts d'argent négligés dans toutes nos autres estimations, et portés par M. Gerstner à 211 liv. st. , nous réduirons le prix de construc-tion des 40 milles anglais de routes à ornières à 91,400 liv. st. : cela fera, par mille anglais, 2,285 livres, ou, par kilomètre, 35,700 fr.

Résumé.   En résumé, nous aurons pour les frais d'éta-blissement d'un kilomètre de chemin de fer,

---

(1) Ces renseignemens sont extraits d'un plan gravé du chemin accompagné de données, que M. Gerstner nous a communiqué, mais qui n'a pas été publié.

sans compter les intérêts des capitaux pendant les travaux d'exécution :

1°. Si le chemin est à double voie :

a) En Angleterre : En fer malléable , de Liverpool à Manchester , en construction... 262,500 fr.

———— En fonte , du canal de Cromford à celui de Peak-Forest , en construction. 64,450
Moyenne, d'après M. Tredgold.. 78,125

b) En France : En fer malléable , de Saint-Etienne à Lyon , en construction 153,571

———— De Paris au Hâvre, en projet 118,000

2°. Si le chemin est à simple voie :

a) En Angleterre : En fer malléable, aux environs de Glascow, exécuté 63,350

———— En fonte , aux environs de New-castle-sur-Tyne ou dans le pays de Galles , chemins construits. 34,375

c) En France : En fonte, de Saint-Étienne à Andrezieux , construit 74,095

———— En fer malléable, de Roanne à An-drezieux, en construction. 50,746

c) En Allemagne : En bois et fer, en Bohê-me.. 35,700

On ne devra pas, comme l'a fait M. Baader (1), calculer le prix d'une route à deux voies en doublant celui d'un chemin à une seule voie, puisque les mêmes travaux de nivellement sont nécessaires dans l'un et l'autre cas, et qu'il n'y a de différence dans l'ensemble des travaux de terrassement que la largeur que l'on donne aux remblais. On observera aussi que cette dernière dimension dans un chemin à deux voies n'est pas exactement le double de ce qu'elle est dans un chemin à une voie. Le rapport entre les frais de construction d'un chemin à double voie et ceux d'un chemin à simple voie variera avec le prix du fer; mais il est évident qu'il sera plus grand en France qu'en Angleterre, puisque le prix du fer y est plus élevé et celui de la main-d'œuvre moindre que dans ce pays.

Prix moyen de construction d'un kilomètre de chemin de fer.

Si l'on se rappelle les circonstances plus ou moins favorables dans lesquelles ont été construits les différens chemins à ornières dont nous avons parlé, si l'on en considère le petit nombre, et enfin si l'on songe que bien peu sont terminés, on trouvera difficile de déduire de la liste que nous avons présentée de leurs frais de construction le coût moyen d'un kilomètre de

(1) *Sur l'avantage de substituer des chemins de fer à plusieurs canaux navigables, etc.*, p. 132 et suivantes.

route en fer. Faut-il cependant exprimer une opinion à cet égard ? Nous pensons qu'au prix actuel du fer et de la main-d'œuvre le prix d'un kilomètre de chemin à ornières de fer, placé dans des circonstances favorables, abstraction faite de l'intérêt de l'argent pendant le temps de la construction et du coût du matériel pour les transports, serait :

Si le chemin est à double voie :

En Angleterre, de. . . . . 85,000 à 90,000 francs.
En France, de . . . . 90,000 à 95,000.

S'il est à simple voie :

En Angleterre, de. . . . . . 55,000 à 60,000 francs.
En France, à peu près de mê-
    me, ou peut-être de...... 60,000 à 65,000.

Nous pensons qu'en France les rails des nouveaux chemins sont un peu trop légers si l'on veut se servir de machines locomotives comme moteurs. Dans le cas où on leur substituerait des rails de force convenable, ces routes coûteraient plus cher que nous ne l'avons indiqué. Un chemin à simple voie reviendrait peut-être à 70 ou 75,000 fr.

Frais d'entretien, perception, administration, etc., des chemins de fer.

Les différens auteurs qui ont écrit sur les che‑
mins de fer ne s'accordent pas sur l'évaluation
de leurs frais d'entretien, perception, etc. Quel‑
ques uns nous paraissent les avoir portés beau‑
coup trop haut. Passons d'abord leurs opinions
en revue.

Opinions de différens auteurs sur les frais d'entretien, administrat., etc., des chemins de fer.

M. Huerne de Pommeuse, dans son ouvrage
sur les canaux (1), suppose que l'entretien d'un
chemin de fer coûte beaucoup plus que celui
d'un canal.

M. Girard, en parlant des chemins de fer (2),
dit : « Les charges annuelles des concessionnaires,
estimées, comme pour les routes ordinaires, au
taux de 10 pour 100 pour l'intérêt du capital pri‑
mitivement employé, les frais d'administration,
de surveillance des travaux et de perception du
péage, seront de 9,681 fr. par kilomètre. »

M. Tredgold, supposant que le mille anglais

---

(1) *Sur les canaux navigables* ; par M. Huerne de Pom‑
meuse, membre de la Chambre des députés, p. 141-144.

(2) *Introduction au Mémoire sur les grandes routes, etc.*,
de M. F. de Gerstner ; par M. Girard, Ingénieur en chef
des ponts et chaussées, p. cxv.

de chemin de fer à double voie coûte 5,000 liv. st., compte 1°. 417 liv. st. pour l'intérêt des capitaux, proportionné au risque que l'on court de les perdre, ou plus de 8 pour 100 ; 2°. 100 liv. st. pour réparations de toute espèce, soins journaliers, etc. ; 3°. 40 liv. st. pour frais de recettes, administration, etc. ; ce qui fait 140 liv. pour les dépenses d'entretien, administration, etc., ou 2,8 pour 100 du prix de la construction, et en tort 557 liv. st., ou plus de 10 pour 100 du capital primitif.

M. Navier, dans son mémoire sur le chemin de fer de Paris au Hâvre, ne porte les frais d'entretien, administration, etc., de ce chemin qu'à 450,000 francs, ce qui fait 1,451 pour 100 du capital de la construction.

M. Baader admet pour le même objet 5 pour 100, mais en y comprenant les frais d'entretien des chariots, que M. Navier porte à $2\frac{1}{2}$ centimes par lieue et par tonne (1).

« Les frais d'entretien d'un chemin de fer, dit M. A. de Gerstner (2), s'élèvent tout au plus au cinquième de ceux d'une route, et que l'on compte à 5 pour 100 des frais d'établissement.

---

(1) *Sur l'avantage, etc.*, p. 68.
(2) *Journal du Génie civil.*

Pour être tout à fait sûr de mes résultats, je les suppose de $2\frac{1}{2}$ pour 100. »

Enfin, MM. Mellet et Henry, dans leur mémoire sur le chemin de fer de Roanne à Andrezieux, portent les frais d'entretien à 100,000 francs, ou $1\frac{1}{2}$ pour 100 environ du capital employé pour la construction du chemin, et ne comptent que 60,000 fr. pour les frais d'administration, perception, garde, etc., après l'achèvement du chemin : cela ferait en tout un peu moins de $2\frac{1}{2}$ pour 100 du prix d'établissement.

Revenons aux données de M. Girard. Cet ingénieur, lorsqu'il compte pour les intérêts du capital de la construction, les frais d'entretien, etc., d'un chemin de fer, 10 pour 100 des frais d'établissement, n'indique pas à combien il porte le taux de l'intérêt. Il nous est donc impossible de dire avec certitude quelle est la portion qu'il réserve aux frais d'administration, entretien, etc. Quoi qu'il en soit, nous ne pensons pas avec lui que les charges des concessionnaires de routes en fer et de routes ordinaires soient dans le même rapport avec le capital de la construction. Nous les croyons moindres dans le premier cas, surtout si le chemin de fer a été primitivement bien établi avec des rails en *fer malléable* de force suffisante et si l'on emploie les machines locomotives, qui ne dégradent pas le sentier entre les rails.

En Écosse, on comptait pour un chemin long de onze milles, coûtant 49,000 liv. st. à construire, 1000 liv. st. pour les frais d'entretien, administration, perception, etc., non compris les intérêts des capitaux, cela fait un peu plus de 2 pour 100 ; sur ces 1000 liv. st., 365 étaient données aux entrepreneurs des réparations ; ce qui fait environ 33 liv. st. par mille (516 fr. par kilomètre.)

A Darlington, on paie 35 liv. sterl. pour le même objet. Les entrepreneurs se chargent d'entretenir la voie de terre, de redresser les rails, etc.; mais les propriétaires fournissent les bandes de fer, les dés, etc.

M. Jessop, dans son rapport aux actionnaires de la route entre le canal navigable de Peak-Forest et celui de Cromford, compte 30 livres st. par mille pour les entrepreneurs de l'entretien du chemin et 1,040 pour les frais d'administration, perception, etc. : ce qui fait, en tout, 2,000 liv. st. pour une route de 32 milles, à deux voies, ou environ $1\frac{1}{2}$ pour 100 des frais de construction, portés à 150,000 liv. st.

D'après ce qui précède, nous nous rangerons à l'opinion de MM. Mellet et Henry, qui regardent $2\frac{1}{5}$ pour 100 du capital de la construction

8

comme une évaluation suffisante des frais d'entretien, administration et perception.

Les frais d'administration restant à peu près les mêmes, que la route soit longue ou courte, à simple ou à double voie, la somme totale à laquelle on parvient, en les additionnant avec les frais d'entretien et de perception, est une fraction un peu plus petite du capital de la construction pour une route longue ou à double voie.

Quant au taux de l'intérêt, proportionné aux risques de l'entreprise, il est assez difficile de le déterminer; mais on sait qu'en France on compte ordinairement retirer des capitaux placés dans l'industrie de 8 à 10 pour 100, bénéfices compris.

Frais de halage.

Les frais de halage se composent de

1°. Les intérêts du capital du moteur;

2°. La diminution de valeur du moteur;

3°. Les intérêts du capital des chariots;

4°. La diminution de valeur des chariots;

5°. Les frais de réparations au moteur et aux chariots, de combustible, main-d'œuvre, etc.

6°. Si l'on emploie des chevaux, le danger de les perdre; si l'on se sert de machines, les risques d'accident.

7°. Les bénéfices de l'entrepreneur ;

8°. Les intérêts des capitaux engagés pour subvenir aux dépenses énoncées.

Si l'on veut comparer le mérite de deux moteurs différens, il conviendra d'ajouter à ces frais de halage proprement dits.

9°. L'intérêt du capital de la route et les frais d'entretien ;

10°. Les intérêts des capitaux engagés pour subvenir aux frais d'entretien.

Car ces deux élémens peuvent varier avec le moteur, puisque l'on sait, par exemple, que les machines locomotives exigent des rails plus forts ou dégradent davantage les ornières que les machines fixes.

Occupons-nous d'abord des frais de halage sur les chemins de niveau.

En admettant :

Qu'un cheval coûte 20 liv. st. (500 fr.), et que les intérêts de cette somme, la diminution de la valeur du cheval et le risque de le perdre, doivent être portés à un quart du prix d'achat ; ce qui fait 5 liv. st. (125 fr.) pour une année de trois cent douze jours de travail, ou par jour.... (sh. d.) » 3,8

Que le salaire d'un conducteur prenant soin de deux chevaux est de 2 sh. par jour; ce qui fait par jour et par cheval.... 1 »

Que l'entretien journalier du cheval (nourriture, fers et harnais) est de.... 2 7

8.

M. Tredgold trouve que l'entretien d'un che-
val revient à 5 sh. 10 $\frac{1}{2}$ pences (4^f,85) par jour
environ. En y ajoutant les bénéfices de l'entrepreneur, tenant compte de l'intérêt du capital
des chariots, de leur diminution de valeur et des
réparations qu'ils exigent, et supposant que l'effet journalier d'un cheval est de 108 tonnes, transportées à un mille, il trouve que le transport
d'une tonne à un mille, par la force animale,
coûte $\frac{60}{100}$ de penny (1); ce qui fait 3,8 cent. pour
une tonne de 1000 kil. à 1 kilomètre.

En Écosse.

D'après des renseignemens que nous avons
recueillis en Écosse, un cheval, aux environs de
Glascow, coûte 10 liv. st. (250 fr.); son entre-
tien journalier 2 $\frac{1}{2}$ shell. (3^f,15); et le salaire
d'un conducteur, prenant soin de deux chevaux,
est de 2 sh. 6 d. par jour. En suivant la même
marche que M. Tredgold, nous trouvons que,
dans ce cas, l'entretien du cheval, non com-

---

(1) M. Girard porte ce nombre à $\frac{77}{100}$ de penny, en calculant séparément les gages de l'homme qui conduit le cheval et celui de l'individu qui le soigne ; mais nous ferons
observer que le travail journalier d'un cheval sur un chemin de fer, équivalant au transport de 200 tonnes à 1 mille
et non à celui de 108 tonnes, comme l'admet M. Tredgold,
$\frac{60}{100}$ de penny est déjà une évaluation trop élevée des frais
de halage d'une tonne à 1 mille.

pris les bénéfices de l'entrepreneur, est de 3 sh. 11 d. environ par jour.

M. Thompson, en admettant probablement dans son calcul les mêmes élémens que M. Tredgold, c'est à dire en y faisant entrer les dépenses relatives aux articles 1, 2, 3, 4, 5, 6 et 7 de l'état que nous avons établi, et négligeant celles qui correspondent aux articles 8, 9 et 10, trouve $\frac{50}{100}$ de penny; ce qui fait 3,1 centimes par tonne et par kilomètre. D'après de nouvelles estimations du même ingénieur, rapportées par M. Walker, la moyenne des dernières années ne se serait pas élevée au dessus de $\frac{45}{100}$ de penny par tonne et par mille ou 2,9 cent. par tonne et par kilom.

La société des actionnaires de la route de Darlington paie 10 pences par tonne de houille transportée à une distance de 20 milles, c'est à dire $\frac{1}{2}$ penny par tonne et par mille (3,1 cent. par tonne et kilomètre); mais les entrepreneurs sont obligés, pour ce prix, de ramener les chariots vides au point de départ.

M. Navier, calculant les frais de transport par chevaux, et négligeant, comme M. Tredgold, les dépenses relatives aux articles 8, 9 et 10 de l'état précédent, les porte à 3,7 centim. par tonne et par kilomètre.

Ainsi en Angleterre et en Écosse, les frais de transport varieraient entre $\frac{45}{100}$ et $\frac{60}{100}$ de penny

frais de trans-
port par che-
val en plaine.

par tonne et par mille, ou entre 2,9 centim., et 3,8 centim. par tonne et par kilomètre.

En France, dans certaines localités, ils monteraient à 3,7 centim. par tonne et par kilomètre.

Frais de transport en plaine, avec machines locomotives, à Darlington.

À Darlington, la société des actionnaires paie aux entrepreneurs de transport, par machines locomotives, $\frac{1}{4}$ penny (2,5 centim.) par tonne et par mille, et ceux-ci se chargent des frais de main-d'œuvre, charbon, graisse, etc. La société fournit la machine et la répare ; cette dernière dépense se monte seulement à environ $\frac{1}{8}$ de penny (1,2 centim.) par tonne ; mais il paraît que le transport avec machines locomotives devient, par suite de la détérioration qu'elles font éprouver aux rails, presque aussi coûteux que le transport avec chevaux.

D'après le rapport de MM. Walker et Rastrick.

L'intéressant rapport de MM. Walker et Rastrick nous fournira enfin des documens précieux pour montrer comment les différentes parties des frais de transport, avec machines locomotives et machines fixes, se répartissent, et pour en comparer l'ensemble.

Prix d'achat et dépenses annuelles d'une machine locomotive.

Voici le détail du coût d'une machine locomotive de dix chevaux, que l'on calcule traîner, en hiver, par jour de dix heures, en plaine, 1,050 tonnes à un mille avec une vitesse de 10 milles à l'heure.

liv. st. sh. d.

Achat de la machine. . . . . . . 550 » »

Comme ordinairement sur six machines il y en a une qui ne travaille pas et reste en réserve, pour remplacer celle qui serait hors de service, on ajoute 1/5 pour la machine en réserve . . . . 1:0 » »

Train d'approvisionnement. . . . 50 » »

1/5 pour le train en réserve. . . 10 » »

____

720 » »

Supposant que la machine dure vingt ans, on compte pour intérêts et détérioration, par an . . . .   55 16 »

Un canal pour le foyer et un devant de..cheminée, renouvelés tous les trois ans, 37 liv. 10 shel. : cela fait par an . . . . 12 10 »

Entretien de la chaudière. . . . 3 » »

Une cheminée, chaque année, coûte, déduction faite de la valeur des vieux matériaux . . . . 7 10 »

Six assortimens de barres pour la grille. . . . . 6 » »

Un assortiment d'essieux, chaque année, coûte, déduction faite de la valeur des vieux matériaux. 10 » »

Roues . . . . 36 » »

____

A reporter. . . 75 » » 55 16 »

Report..... .	75	»	»	55	16	»
Diverses petites réparations. . .	12	»	»			
Réparations au train d'approvisionnement	2	10	»			
	89	10	»			
1/5 en sus p^r. la mac. de rechange.	17	18	»			
				107	8	»

(liv. st. sh. d.)

Un machiniste, pendant cinquante-deux semaines, à 21 shell. par semaine.	54	12	»			
Aide, à 10 shell. par semaine.	26	»	»			
382 tonnes de houille, à 5 shcl. 10 d. par tonne.	111	8	4			
Huile, graisse, chanvre, etc..	12	»	»			
				204	»	4
Dépense totale......				367	4	4

Répartition des dépenses sur chaque tonne transportée à un mille.

La route de Liverpool à Manchester étant parcourue par cent deux machines locomotives semblables à la précédente, il faut dix réservoirs placés à égale distance sur la ligne avec une petite machine de deux chevaux et des pompes auprès de chaque réservoir. Cela donne lieu à une nouvelle dépense annuelle de 922 liv. st. 10 sh., qui, répartie entre cent deux machines, se réduit, pour une seule machine, à 9 liv. 0 sh. 10 d. En ajoutant cette somme à celle trouvée précédemment pour les autres frais annuels, on obtient, pour le total, 376 liv. 5 sh. 2 d.

La partie de la route sur laquelle vont les machines locomotives a 30 milles de longueur ; les plans inclinés de Rainhill et de Sutton en occupent 3 milles. Les machines locomotives accompagnent les convois de chariots lorsqu'ils passent ces rampes ; mais toute leur force est employée en montant à traîner leur propre poids.

Soit la circulation de 4,000 tonnes par jour, ou 1,248,000 tonnes par année de trois cent douze jours.

La partie du chemin qui peut être considérée comme de niveau a 27 milles de longueur. La dépense totale des cent deux machines locomotives est donc appliquée au transport de 1,240,000 tonnes à cette distance, ou de 33,696,000 tonnes à un mille, et la dépense d'une seule machine à celui de $\dfrac{33,696,000}{102} = 330,353$ à 1 mille : d'où l'on tire, pour les frais de halage à un mille en plaine, $0^d,2753$, ou, pour une tonne, à un kilomètre, $1^{cent}.,78$.

Le transport sur les plans inclinés revient annuellement à 5,085 liv. st. 17 sh.

Nous avons supposé que les machines faisaient 10 milles à l'heure ; nous voyons, d'après le tableau de MM. Walker et Rastrick, que si

elles ne parcouraient que 5 milles, elles traine-
raient, en hiver ou en été, dans le même temps ,
une quantité de marchandises deux fois et demie
aussi pesante que dans le premier cas. Leurs effets
vénaux seraient donc, avec ces deux degrés dif-
férens de vitesse, :: 10 : $2\frac{1}{2}$ $\times$ 5 ou :: 4 : 5, et
les frais de halage en raison inverse. On paierait
donc, pour transporter une tonne à un mille, à
raison de 5 milles par heure, 0^d,2128, et à 1 kilomètre, 1^{cent},17.

Frais de transport en plaine avec machines stationnaires.

Nous allons donner maintenant le compte détaillé des frais de transport, avec machines stationnaires, sur la route de Liverpool à Manchester,
entre l'extrémité de la galerie du côté de Manchester et cette dernière ville : on passe dans ce
trajet deux plans inclinés. En soustrayant les dépenses qui leur sont relatives, on arrive aisément
au prix de transport d'une tonne à un mille en
plaine.

Machines fixes au relais de Manchester.

Prix d'achat et dépenses annuelles des machines stationnaires.

	liv. st.	sh.	d.
Deux machines de douze chevaux, de 500 liv. st. chaque...	1,000	»	»
Attirails et treuils........	200	»	»
Bâtimens pour les machines et cheminée............	400	»	»
A reporter.	1,600	»	»

Report.....	1,600	»	»
Logement.	75	»	»
Pompe et bassin.	50	»	»
		1,725	»	»
Deux machines de trente chevaux, de 1,200 liv. chaque.	2,400	»	»
Attirail et treuils.	400	»	»
Bâtiment pour les machines et cheminée.	500	»	»
Logement.	100	»	»
Pompe et bassin.	100	»	»
	3,500	»	»
Quinze stations semblables.	15		
		52,500	»	»
Deux machines de vingt chevaux, de 900 liv. chaque.	1,800	»	»
Attirail et treuils.	300	»	»
Bâtiment et cheminée. . . .	450	»	»
Logement.	75	»	»
Pompe et bassin.	85	»	»
	2,710	»	»
Trois stations semblables.	3		
		8,130	»	»
Dépense *extra* pour les fondations des bâtimens dans les marais de Chatmosse.	3,400	»	»
A reporter. . .	65,755	»	»

	liv. st.	sh.	d.
Report..... 65,755	»	»	

Deux machines de soixante chev. pour le plan incliné de Rainhill, à 1,700 liv. st. chaque....................... 3,400 » »

Attirail............ 500 » »

Bâtiment et cheminée... 700 » »

Logement........... 100 » »

Pompe et bassin....... 100 » »

4,800 » »

Deux machines de soixante chevaux pour le plan incliné de Sutton........................ 4,800 » »

Machine additionnelle de trente chevaux et attirail, placée à l'extrémité de la galerie......................... 2,000 » »

Treize mille quatre-vingt-dix poulies avec soutiens, et pose, celles-ci étant éloignées de 8 yards les unes des autres, et revenant à 15 sh. en place........................ 9,817 10 »

Total...... 87,172 10 »

Dépense annuelle.

	liv.	sh.	d.
Intérêt du capital, 87,172 l. 10 sh., à raison de 6 1/2 pour 100, y compris la dépréciation....................	5,666	4	3

	liv. st.	sh.	d.
Entretien des chaudières et barres de la grille pour une force de 1314 chevaux	246	8	6
Entretien des machines et de leur attirail	473	18	»
Huile, graisse, chanvre, etc.	270	16	»
Entretien de treize mille quatre-vingt-dix poulies. ...	250	»	»

	liv.	sh.	d.
	1,241	2	6

	liv. st.	sh.	d.
Houille pour une force de 1314 chevaux travaillant dix heures par jour, y compris celle qui est employée pour échauffer les fourneaux le matin et celle avec laquelle on entretient la production de vapeur pendant le jour, 30,458 tonnes, à raison de 2 sh. 6 d. par tonne..............	3,807	5	»
Quarante-trois machinistes et aides pendant cinquante-deux semaines, à raison de 21 sh. par semaine.	2,347	16	»

Quarante-deux hommes auprès des freins de machines, vingt et un aides, quarante-

A reporter...	2,347	16	»	10,714	11	9

Report. . . . . 2,347 16 » 10,714 11 9

quatre hommes pour suivre les chariots, à 15 sh. par semaine . . . . 4,173 » »

Dix hommes pour graisser les poulies, à raison de 15 sh. par semaine . . . . 390 » »

15 gallons d'huile pour les poulies, à raison de 2 sh. 6 d. le gallon. . . . . 187 10 »

                                        7,098 6 »

Dépense totale pour une force de 1314 chevaux. 17,812 17 9

Cordes.

114 milles (833,12ᵐ.) de corde, de 3 1/2 pouces de circonférence, pesant 104 tonn. 12 quint. 96 liv., revenant à 42 liv. la tonne, déduction faite de la valeur des vieilles cordes. . . . . 4,395 » »

6 milles (9,648 mèt.) de corde, de 5 1/2 pouces de circonférence pour les plans inclinés de Rainhill et Sutton, liv.st. sh. d.

17 tonnes 16 liv., à 42 l. st.. 792 » »

Trente conduits pour renfermer la corde qui passe sous la route, à 10 liv. st. . . . . . . 300 » »

                                        5,487

Intérêt à 5 pour 100 de ce capital. . . . . 274 7 »

            A reporter . . . . 274 7 »

Report 274   7   »

Usure des cordes.

	liv. st.	sh.	d.
27 milles (43,416 mèt.) de cordes sur les parties de niveau, en supposant un transport de 4,000 tonnes par jour (2,000 tonnes dans chaque direction), à raison de 8/100 de penny par tonne et par mille, pour trois cent douze jours	11,232	»	»
6 milles de cordes de 5 1/2 pouces, en supposant un transport de 12,000 tonnes à un mille par jour, à raison de 21/100 de penny par tonne et par mille, pour trois cent douze jours.	3,276	»	»
3 milles de cordes attachées aux chariots (*tail ropes*), pour Rainhill et Sutton, en comptant 4,000 tonn. par jour, égales à 3,744,000 tonnes, à un mille par an, à raison de 2/100 de penny par tonne et par mille.	312	»	»

		liv. st.	sh.	d.
		14,820	»	»
Total pour cordes et conduits.		15,094	7	»
Différens articles, à raison de 25 liv. st. par station. . . .		550	»	»
A reporter . . .		550	»	»

Report. . .   550 » »

Intérêt de ce capital, à 5

pour 100.... .. . .   27 10 »

Objets de rechange.

	liv.st.	sh.	d.
114 milles (188,312 mètres) de cordes de rechange de 3 ½ pouces, ou 104 tonnes 12 quintaux 3 quarts et 12 liv., à raison de 51 liv. st. la tonne, neuves..	5,336	16	9
6 milles de cordes de rechange de 5 ½ pouces, pour Rainhill et Sutton, 18 tonnes 17 quint. 16 liv., à 51 liv. st.	961	14	3
Objets de rechange pour toutes les machines	1,354	»	»
Total.	7,652	11	»

Intérêt de ce capital à 5 pour   liv.st. sh. d.

100 . . . .   382 12 6

Résumé des frais annuels.

	liv.st.	sh.	d.
Frais annuels pour les machines	17,812	17	9
—— pour les cordes et conduits..	15,094	7	»
—— pour divers articles	27	10	»
—— pour objets de rechange..	382	12	6
Dépense totale..	33,317	7	3

Les machines, au sommet des plans inclinés, sont plus fortes dans ce dernier cas que lorsqu'on emploie les machines locomotives : cela tient à ce qu'une partie de leur force sert à aider la machine fixe placée au milieu du plateau qui les sépare; mais la dépense relative au transport sur les pentes doit être portée à 5,085 liv. st. 17 sh., comme dans le premier système.

Il restera alors pour les frais de halage de 1,248,000 ton. à 27 milles, ou de 33,696,000 tonnes à 1 mille, 28,231$^{liv.}$ 10 sh. 3 pences, ce qui fait 0^d,2011 par tonne et par mille en plaine, ou 1$^{cent.}$,25 par tonne et kilomètre.

Répartition de la dépense totale sur chaque tonne transportée à un mille.

Voyons maintenant à combien s'élèveraient les frais de transport, sur la route de Liverpool, avec l'une et l'autre espèce de machines, en ajoutant les intérêts des capitaux engagés, pour subvenir aux dépenses journalières (bouille, main-d'œuvre, etc.), l'intérêt du capital des chariots, la somme correspondant à leur diminution de valeur, ainsi qu'à leurs frais d'entretien, l'intérêt du capital et les frais d'entretien de la route.

Addition aux frais de halage de l'intérêt du capital des chariots, etc.

Occupons-nous d'abord du système dans lequel on emploie les machines locomotives.

Les capitaux engagés pour subvenir aux dépenses journalières de chaque machine, y compris celle des réservoirs, se montent à 516 livres

Frais complets de transport avec machines locomotives faisant 10 milles à l'heure.

9

st. 10 sh. 10 d. : l'intérêt, par tonne, à un mille, est de 0^d,0115.

Le capital employé en chariots, dit M. Tredgold, sera, terme moyen, d'environ 10 liv. st. par tonneau, et en portant les réparations et les remplacemens à une liv. st. par tonneau, par an, la dépense annuelle sera d'environ 2 liv. st. par tonneau, par an, ou de 7 farthings (18 centimes) par jour, pour chaque tonneau, bénéfice compris.

Cette estimation correspond au cas où l'on se sert de chevaux et ne fait parcourir à un chariot que 18 milles par jour.

La même dépense pour une tonne transportée à un mille serait de $\frac{7 \text{ farth.}}{18}$, ou 0^d,10 ; mais si le moteur est une machine qui imprime une grande vitesse à la charge, comme les chariots se détruisent beaucoup plus vite, on peut la supposer de 0^d,15, et c'est ce nombre que nous adopterons pour les machines fixes comme pour les machines locomotives. Le salaire des hommes qui accompagnent les chariots a été porté dans les comptes de MM. Walker et Rastrick.

D'après le devis que nous avons donné de la route de Liverpool, on voit que le capital dont le transport doit payer l'intérêt, dans lequel nous comprenons les frais d'étude et l'Acte du Parlement, est de 544,002 liv. st. Les 5 pour 100 de ce capital égalent 27,200 liv. st. ; cette somme, répartie sur 1,248,000 tonnes transportées à 31 ¼ milles, ou 39,000,000 tonnes à un mille, donne, pour chaque tonne à un mille, 0ᵈ,1674.

Soient les frais d'entretien 2 ½ pour 100 du capital 544,002 l. st., et supposons-les égaux pour le système locomotif comme pour le système stationnaire, quoique en réalité ils soient plus grands dans le premier cas, cette dépense par tonne et par mille sera de 0ᵈ,0837.

Nous avons donc pour les frais complets du transport d'une tonne-à un mille, avec les machines locomotives, sauf une partie des bénéfices de l'entrepreneur, qui n'a pas été comptée,

1°. Si les machines locomotives font 10 milles à l'heure :

Intérêt du capital des machines, dépréciation, combustible, main-d'œuvre, etc. 0ᵈ, 2733
Intérêt des capitaux engagés pour subvenir aux dépenses journalières. . . . . 0 ,0115
Intérêt et dépréciation du capital des chariots, entretien et bénéfice de l'entrepreneur. . . . . 0 ,1500
Intérêt du capital de la route. . . . . 0 ,1674
Entretien de la route. . . . . 0 ,0837

Total. . . . . 0 ,6859

Cela fait, par tonne et kilomètre, 4,29 centim.

9.

<table>
<tr><td style="vertical-align:top; width:22%; font-size:small">Avec les ma-
chines ne fai-
sant que
5 milles à
l'heure.</td><td>

2°. Si les machines locomotives font 5 milles à l'heure :

Intérêt du capital des machines, dépréciation,
combustible, etc........... 0,2277
  Autres frais. 0,4126
‾‾‾‾‾‾‾‾‾‾
0,6403

Cela fait, par tonne et kilomètre , 4^c,002.

</td></tr>
</table>

Cela fait, par tonne et kilomètre , 4ᶜ,002.

Frais com-
plets de
transport
avec les ma-
chines fixes.

Pour les machines fixes , l'intérêt du capital de la route, ses frais d'entretien et l'intérêt ainsi que les frais de réparations des chariots, sont les mêmes ; il ne nous reste à calculer que l'intérêt des capitaux engagés.

Comme nous avons déjà compté l'intérêt d'une somme assez considérable représentant la valeur de cordes et parties de machines de rechange , et que , d'ailleurs, les frais de main-d'œuvre pour les réparations ne sont pas comparativement très élevés , nous ne porterons rien à ce chapitre, et nous ne prélèverons que l'intérêt des capitaux engagés pour combustible, salaire des ouvriers, etc. : ceux-ci se montent à 11,176 liv. st. 7 sh. pour la force de 1,314 chevaux, qui est la puissance totale des machines placées depuis l'extrémité de la galerie du côté de Manchester jusqu'à cette ville ; les capitaux engagés pour la portion de force des machines situées au sommet de plans inclinés, qui sert au transport sur ces plans, sont de 947 liv. 4 sh. Reste, pour ce qui concerne les machines qui opèrent le transport en plaine, 10,229 liv. 3 sh. : d'où l'on déduit pour chaque tonne à un mille, 0,0036.

Ainsi les frais complets de transport avec machines fixes, sauf une partie des bénéfices de l'entrepreneur, qui n'a pas été comptée, sont

Intérêt du capital des machines, dépréciation, combustible , main-d'œuvre, etc. 0,2011
Intérêt des capitaux engagés pour subvenir aux dépenses journalières. 0,0036
Autres frais. 0,4011

Total. 0,6058

Ce qui fait, par tonne et par kilomètre, 3^c,782.

Ces frais de transport sont calculés dans l'hypothèse d'une très grande circulation. Si le mouvement commercial était moindre, les dépenses ne diminueraient pas dans le même rapport.

Il suit de ce qui précède que si l'on ne tenait pas à une grande célérité, dans un pays où la main-d'œuvre et le fourrage seraient à bon marché, tandis que la houille ne s'y vendrait pas à un prix excessivement bas comme en Angleterre, le transport par chevaux serait le plus économique : nous signalons ce résultat, afin que l'on ne se fasse pas des idées chimériques des avantages que présente l'emploi des machines.

Il nous reste à évaluer les frais de transport sur les plans inclinés.

Frais de transport sur les plans inclinés.

Avec machines locomotives. Si sur de faibles pentes on emploie des machines locomotives, il est aisé, avec les renseignemens que nous avons donnés sur ce moteur, de calculer les dépenses correspondant à une charge et à une inclinaison connues.

Avec machines fixes. Sur des rampes plus fortes, on se sert de machines fixes. L'élément le plus difficile à calculer est la durée du câble, et on ne voit pas trop comment établir entre son usure, l'inclinaison du plan, sa longueur, l'épaisseur des cordes et le nombre de tonnes une relation numérique exacte, au moyen de laquelle on partirait des frais connus, dans un certain cas, pour les calculer dans un autre; les autres élémens sont très aisés à déterminer.

Difficulté de calculer la durée des cordes. Les causes principales de destruction de la corde sont 1°. le frottement qu'elle exerce sur la gorge des poulies; 2°. la tension qu'elle éprouve suivant sa longueur; 3°. les cahots ou chocs subits du convoi; la température, peut-être même la vitesse quoique le frottement en soit indépendant, et plusieurs autres causes de moindre importance. Le frottement est proportionnel à la composante normale du poids absolu, et les effets de la température, en tant qu'ils changent avec la tension, varient aussi suivant le degré d'inclinaison du plan. Nous supposerons cependant qu'en pratique l'action du frottement et celle de la température sont les mêmes sur une pente quelconque ; mais il nous reste à calculer les effets produits par la tension et par les cahots. La tension d'un point quelconque de la corde est proportionnelle à la force de traction nécessaire pour vaincre le frottement, au poids relatif du convoi, c'est à dire à la composante du poids absolu parallèle à la ligne de pente, enfin au poids relatif de la portion de corde située au dessous de ce point. Elle varie donc pour chaque point, et c'est ce qui rend difficile d'apprécier son influence sur le plus ou moins de durée des cordes.

Si l'on se sert de cordes sans fin, chacune des portions du câble sera exposée aux mêmes causes de destruction ; mais avec une simple corde s'enroulant sur un treuil, si on ne trouve pas moyen d'attacher successivement l'une et l'autre extrémité au convoi, on conçoit que les parties qui s'enroulent les premières ou se déroulent les dernières frotteront pendant un temps moindre, mais éprouveront une tension plus grande que les

autres ; enfin, il est presque impossible de déterminer le rapport numérique entre l'inclinaison
et l'action des cahots. Nous croyons inutile de
rien ajouter pour montrer combien il est difficile
d'évaluer, même par approximation, la durée des
cordes sur des plans inclinés de pente donnée,
autrement que par l'expérience directe. Cela serait encore moins aisé s'il fallait faire entrer dans
le calcul l'épaisseur du câble.

M. Walker, en partant de la durée des cordes
sur le plan incliné de Brusselton, la calcule pour
un plan de niveau, mais en tenant seulement
compte de l'effet du poids relatif des chariots. Le
poids relatif de la corde semblerait pourtant ne
devoir pas être entièrement négligé.

Voici quelques renseignemens sur ce sujet,
que nous extrayons du rapport de MM. Walker
et Rastrick.

Les cordes employées coûtant 51 livres sterl.
(1,275 fr.) la tonne, quel que soit leur diamètre,
et ayant ordinairement de $3\frac{1}{2}$ à $5\frac{1}{2}$ pouc. (0^m,089
à 0^m,140) de circonférence :

M. Thompson a trouvé que la dépense moyenne
d'entretien et remplacement des cordes sur une
route avec plusieurs plans inclinés, et où l'on
employait en plusieurs endroits le *reciprocating-
system*, n'était que de 0^{penny},051 par tonne et
par mille (0,32 cent. par tonne et kilomètre);

mais le transport de la houille n'avait lieu qu'à
la descente, et on ne ramenait à la remonte que
les chariots vides.

D'après M. Storey, la dépense de cordes sur le
plan incliné de Brusselton, dont la pente moyenne
est de $\frac{1}{33}$ (0,0303), est de $\frac{1}{4}$ de penny par tonne
et par mille (1,6 centim. par tonne et kilomètre),
sans rien compter pour la corde attachée à la
queue du convoi, et dite *tail-rope*.

Le *reciprocating-system* ayant été adopté sur la
partie inférieure du chemin de Hetton, près Newcastle, l'ingénieur a dit à MM. Walker et Rastrick
que l'on avait transporté 301,800 tonnes à 2 $\frac{1}{2}$
milles pour 780 liv. st. : ce qui, servant de base
pour calculer la durée des cordes en plaine, a
donné à MM. Walker et Rastrick 0P,1300 par
tonne et par mille sur un chemin de niveau.

MM. Walker et Rastrick ont adopté, comme
nous l'avons vu plus haut, 0P,08 par tonne et
par mille (0,5 centim. par tonne et kilom.), pour
calculer les frais de transport sur la partie du
niveau de la route de Liverpool à Manchester.
Sur ces 0P,08, ils comptent 0P,02 pour la *tail-
rope*, et 0P,06 pour l'autre corde.

Enfin, voici le détail des frais de transport sur
les plans inclinés de Rainhill et Sutton, la pente
étant de $\frac{1}{96}$ (0,0104) et la longueur de 1 $\frac{1}{2}$ mille
(2,400^m).

<table>
<tr><td>Frais de transport sur les plans inclinés de Rainhill et Sutton.</td><td>Deux machin. de cinquante chevaux chacune, avec attirail, etc..........</td><td>liv. st.
4,100   »   »</td><td></td></tr>
</table>

	liv. st.	sh.	d.
Poulies sur les deux lignes, à 8 yards de distance l'une de l'autre, 660 à 15 sh. pièce...	495 » »		
	4,595 » »		
Intérêt de ce capital.....	298	13	6
Réparations, graisse, etc..	98	4	»
Houille, 2,262 ton., à 2 s. 6 d. la tonne.........	282	15	»
Main-d'œuvre........	152	2	»
Huile pour les poulies....	18	15	»
Dépense annuelle pour les machines et poulies de Rainhill...............	850	9	6
Id. pour Sutton	850	9	6
Total.......	1,700	19	»

Cordes.

	liv. st.	sh.	d.
Quatre cordes pour ces deux plans inclinés, longues de 2,640 yards chacune, ayant 5 1/2 pouc. de circonférence, pesant 377 q^x., coûtent, déduction faite de la valeur des vieux câbles, à raison de 42 l. st. la tonne............	792 » »		

A reporter...	792 » »	1,700	19	»

	liv. st.	sh.	d.		liv. st.	sh.	d.
Report...	792	»	»		1,700	19	»
Douze conduits en fonte, dans lesquels la corde passe sous les routes qui croisent le chemin de fer, 12 tonnes, à 10 liv. la tonne............	120	»	»				
	912	»	»				
Intérêt de ce capital....	45	12	»				
Usure des cordes, en comptant 2,000 tonn. de marchandises, à 6 milles, ou 12,000 tonnes, à 1 mille par jour, à raison de 0P,21 par tonne et par mille, pour 312 jours....	3,276	»	»				
Dépense totale en cordes et conduits pour les cordes...					3,321	12	»
Quatre cordes de rechange pour Rainhill et Sutton, 18 tonn. 17 quint. 16 liv., à 51 l. la tonne...............	961	14	3				
Objets divers, et objets de rechange pour les machines..	300	»	»				
	1,261	14	3				
Intérêt de ce capital..............					63	6	»
Dépense annuelle totale pour les deux plans inclinés..........					5,085	17	»

Ou, en argent de France, 147,909 francs 15 centimes.

Nous nous sommes étendus longuement sur les détails des frais de transport, parce qu'ils présentent le plus grand intérêt à toutes les personnes qui s'occupent de chemins de fer, et parce que les importans travaux de MM. Walker et Rastrick ne sont pas encore connus chez nous.

Nous ne garantissons pas tous les chiffres donnés par ces ingénieurs. En les comparant avec les indications fournies par M. Tredgold et d'autres auteurs, nous les croyons exacts ; mais il ne sera pas moins convenable de les vérifier en pratique par tous les moyens possibles, avant de s'en servir pour calculer les chances de succès d'une entreprise. Les Anglais publient rarement des renseignemens techniques aussi détaillés, et; lorsqu'ils le font, on peut craindre qu'ils ne les rédigent dans l'intérêt des compagnies plus que dans celui de la vérité.

TARIFS.

Le Gouvernement, en accordant l'autorisation d'établir un chemin de fer, détermine le maximum des droits que peuvent percevoir les propriétaires pour le passage ou le transport.

En Angleterre, ce maximum varie suivant la nature de la marchandise. Voici ce que nous lisons dans l'Acte du Parlement approuvé par le Roi, le 5 mai 1826, lequel autorise la création de la route à ornières de Liverpool à Manchester (1).

Il est permis à la compagnie de percevoir, pour *le passage,* sur la route en fer, un droit qui n'excédera pas :

	Par tonne et mille.	Par tonne et kilom.
Pour toute pierre calcaire........	1 penn.	6,25 c.
Pour la houille, la chaux, et pour toute espèce d'engrais ou de matériaux pour l'entretien des grandes routes	1 1/2	9,37
Pour le coke, le charbon de bois, le sable, l'argile, les pierres de taille, et en général pour matériaux de construction.......................	2	12,50
Pour le sucre, le grain, le bois de construction, le plomb, le fer et les autres métaux..................	2 1/2	15,62
Pour le coton, la laine, les cuirs, les objets manufacturés, etc......	3	18,75

Le prix du transport s'élevant à moins de 1 sh. (1^f,25) par tonne, la compagnie peut exiger un shelling.

La compagnie est aussi autorisée à percevoir un droit sur les voyageurs passant sur la route

---

(1) Page 81.

en fer dans leur voiture ; mais elle ne peut les taxer à plus de $1\frac{1}{2}$ sh. ($1^f,89$) pour toute distance égale à 10 milles ou au dessous (16,000 mètres) et à plus de $2\frac{1}{2}$ sh. ($3^f,15$) pour toute distance entre 10 et 20 milles ; enfin, à 4 sh. (5 francs) pour toute distance au delà de 20 milles.

Les bétes de charge ou de trait, transportées en voiture, ne devront pas payer au delà de $2\frac{1}{2}$ shellings ($3^f,15$) pour toute distance égale à 15 milles (24,120) ou au dessous et au delà de 4 shellings (5 francs) pour toute distance plus grande.

Les veaux, brebis ou porcs ne pourront être taxés à plus de 9 pences (90 cent.) pour quelque distance que ce soit.

La compagnie est aussi autorisée à transporter toute espèce de marchandises, objets manufacturés, etc. ; mais elle ne pourra exiger pour la distance totale aucun droit dépassant :

	Par tonne et mille.
Pour la chaux, la pierre calcaire, toute espèce d'engrais, matériaux pour l'entretien des routes ou pour les constructions, etc., 8 shell. par tonne, et comme la taxe pour de moindres distances doit être proportionnelle à leur rapport avec la long. totale, cela fait environ..	3,07 penc.
Pour le sucre, le grain, les métaux, etc., 9 sh. par tonne ; ce qui fait environ........	3,45
Pour le coton, la laine, les épiceries, etc.,	

11 sh. par tonne, ou environ. 4,22
    Pour le vin, les esprits, le verre et autres
objets susceptibles de s'avarier aisément, 14 sh.
par tonne, ou environ 5,37

Enfin, pour la houille, le coke, le charbon de bois, etc., la compagnie ne pourra percevoir aucun droit dépassant $2\frac{1}{2}$ pences (25 centim.) par tonne et par mille, et elle fixera, pour le transport des voyageurs et animaux, tel prix raisonnable qui lui conviendra.

Quelle que soit la distance parcourue, la compagnie peut refuser de recevoir moins de 2 shel. ($2^f,50$) par tonne.

L'acte de concession du chemin de Darlington à Stokton contient des dispositions à peu près semblables à celles que nous venons d'indiquer dans le précédent. De plus, la compagnie est autorisée à percevoir un surcroît de taxe au passage des plans inclinés.

Sur la route de Darlington.

Rarement les propriétaires de chemins de fer profitent-ils des avantages que leur laissent ces tarifs ; la concurrence les oblige à entrer dans des arrangemens moins onéreux pour le commerce.

En France sur la route de Roanne à Andrezieux.

Le cahier des charges pour l'établissement d'un chemin de fer d'Andrezieux à Roanne fixe à 15 centimes, par tonne et kilomètre, à la descente, et à 18 centimes, à la remonte, le maximum

du droit que peuvent percevoir les concessionnaires.

MM. Seguin ont soumissionné, pour la route
de Saint-Étienne à Lyon, à 9^c,8 par tonne et kilomètre dans toute direction.

Sur le chemin de Saint-Étienne à la Loire, le
tarif légal est de 1,8 cent. par hectol. de houille
(80 kil.) ou par 50 kilog. de marchandises.

COMPARAISON DES CANAUX ET DES CHEMINS DE FER.

Les chemins de fer, considérés comme voie
de communication pour un commerce très actif,
ont à redouter plus particulièrement la concurrence des canaux. La question des avantages relatifs de l'un ou de l'autre mode de transport est
assez compliquée. L'un de nous, M. Perdonnet,
en ayant fait une étude spéciale et ayant rassem-
blé sur cette matière des données que peut-être
il publiera, nous prendrons une partie de ce qui
suit dans son mémoire inédit.

Les principaux élémens de la comparaison entre
les canaux et les chemins de fer sont 1°. les frais
de construction et les frais d'entretien de l'une et
l'autre espèce de voie; 2°. les frais de halage sur
chacune d'elles.

Lorsqu'on considère combien sont étendues les

limites dans lesquelles varient les prix de construction des canaux dans diverses localités, il ne
paraît pas qu'il puisse être d'une utilité réelle
de comparer, comme l'ont fait quelques auteurs,
les moyennes des frais de construction d'un certain nombre de canaux et de chemins de fer
pour en déduire une différence en faveur de l'un
ou de l'autre genre de voies de communication ;
il règne d'ailleurs beaucoup d'incertitude et de
contradiction dans les prix d'établissement de canaux qui ont été publiés, et il existe un bien petit nombre de routes en fer de quelque longueur,
servant de grandes voies de communication, qui
soient entièrement achevées.

Si cependant on veut tirer quelques inductions
des données que l'on possède aujourd'hui, il pa-
raîtrait que généralement :

1°. Dans des circonstances moyennement favorables, la construction d'un kilomètre de canal coûte plus cher que celle d'un kilomètre de
chemin de fer. La différence en faveur du chemin de fer est trop variable, suivant les localités,
pour que l'on cherche à en donner une évaluation numérique.

2°. Les frais d'entretien d'un kilomètre de
canal sont plus grands que ceux d'un kilomètre
de chemin de fer.

3°. Adoptant sur chaque voie de communication le moteur qui lui convient le mieux et la vitesse que l'on donne communément à ce moteur, les frais de halage sont moindres sur le canal que sur le chemin de fer.

Ces résultats s'appliquent à la France comme à l'Angleterre.

Influence du tonnage sur les bénéfices.

Cela posé, l'intérêt des capitaux restant le même pour un tonnage quelconque, et les frais d'entretien étant considérés comme ne variant pas sensiblement ou comme augmentant et diminuant avec le tonnage, à peu près d'une même somme pour le canal et pour le chemin de fer, il arrivera que : *ne tenant compte que des trois élémens précités, le chemin de fer et le canal donneront, pour un certain tonnage, les mêmes profits, mais que, pour un tonnage moindre, l'avantage sera du côté du chemin de fer et pour un tonnage supérieur du côté du canal.*

Nous avons dit que, dans des circonstances moyennement favorables, la construction d'un kilomètre de chemin de fer était généralement moindre que celle d'un kilomètre de canal. Mais comme les chemins de fer peuvent être tracés dans beaucoup d'endroits où l'on ne saurait faire passer un canal, il suit de là que la ligne de communication entre deux points donnés sera généralement plus courte si elle a été établie par un chemin de fer que si elle l'avait été par un canal.

Lorsque les canaux sont sans écluses, ou qu'ils n'en requièrent qu'un petit nombre comme presque tous ceux de la Lombardie et une grande partie des canaux de la Flandre et de la Belgique, lorsqu'ils suivent en partie le lit des rivières, quelquefois même lorsqu'ils ne sont que latéraux à un fleuve, ils se construisent à bon marché, exigent moins de dépenses pour leur entretien et l'emportent alors, sans aucun doute, sur les chemins de fer. `

Attache-t-on quelque importance à une circulation rapide, veut-on spéculer sur le transport des voyageurs aussi bien que sur celui des marchandises, le chemin de fer acquiert de suite une supériorité incontestable sur le canal. En effet, si un cheval faisant 2 milles à l'heure tire sur un canal de petite section trois fois, et sur un canal de grande section peut-être quatre ou cinq fois autant que sur un chemin de fer, la résistance de l'eau croissant comme le carré de la vitesse et le frottement sur les rails en étant indépendant, il arrive qu'à un certain degré de vitesse ($3\frac{1}{2}$ milles (5,628 m.) à l'heure, suivant M. Wood) la même force tire autant sur le chemin de fer que sur le canal, et que, si la vitesse est plus grande, cette force tire davantage sur le chemin de fer. On observera aussi que, sur un canal, le passage des écluses retarde la circulation bien plus que

10.

celui des plans inclinés sur un chemin de fer.

Circonstances diverses qui peuvent faire pencher la balance en faveur du canal ou du chemin de fer.

Viennent enfin un grand nombre de circonstances, dont plusieurs peuvent, suivant les localités, acquérir un degré d'importance suffisant pour faire donner la préférence à telle ou telle voie de communication, les autres avantages étant égaux.

D'un côté, le canal peut servir au dessèchement et à l'irrigation (1); il convient mieux que le chemin de fer au transport de certaines marchandises dont on ne peut pas aisément diviser le poids (2), ou qui craignent les chocs; s'il aboutit par une de ses extrémités à une rivière,

---

(1) Voici ce que dit M. Ravinet (*Dict. hydrographique,* 1824, page 6") du canal de Charras, situé dans le département de la Charente-Inférieure :

« Le vaste terrain qu'il traverse était enseveli presque toute l'année sous des eaux stagnantes, l'air était pestilentiel et la terre ne produisait que des roseaux et des joncs. Depuis que ce canal est ouvert, l'atmosphère est pure et le sol donne d'excellens pâturages et des blés de très bonne qualité. »

Les riches plaines de la Lombardie doivent en grande partie leur fertilité aux nombreux canaux qui les arrosent.

(2) On lit, dans le cahier des charges pour l'établissement d'un chemin de fer d'Andrezieux à Roanne : « Toutefois le transport des masses indivisibles *pesant plus de deux mille kilogrammes* ne sera point obligatoire. »

ou un lac, il n'y a pas lieu à décharger et re-
charger les marchandises en passant de l'un
à l'autre; il fournit quelquefois de l'eau à des
usines, et peut même servir à en donner à un
port de mer. Le bruit qu'occasionent les machines et le frottement des chariots sur le chemin de fer est souvent désagréable pour les
personnes dont la route traverse la propriété, le
canal ne présente pas un pareil inconvénient, etc.

D'un autre côté, les filtrations du canal, si
les digues ne sont pas parfaitement construites, peuvent faire tort à l'agriculture, et c'est
ce qui arrive assez souvent; les canaux chô-
ment pendant les grandes gelées et les séche-
resses, tandis que les transports s'effectuent
en toute saison sur les chemins de fer (1). Les
réparations que nécessitent les écluses ou autres
parties d'un canal sont plus longues à faire et
nuisent davantage à la circulation que celles que
réclame un chemin de fer; les canaux enlèvent
plus de terrain à l'agriculture que les chemins de
fer (2); s'ils fournissent de l'eau à quelques éta-

____

(1) En hiver, on balaie la neige déposée sur les chemins de fer avec des espèces de charrues.

(2) Le nouveau chemin à deux voies, aux environs de
Glascow, occupera une largeur de 36 pieds, ou à peu près
12 mètres au sommet des remblais. L'Acte du Parlement

blissemens, ils en enlèvent à d'autres, auxquels
elle serait nécessaire ; il est peu de localités où il
n'y ait possibilité d'établir un chemin de fer,
puisque les pentes, si ce n'est dans quelques cas
très particuliers, peuvent être aisément franchies :
il en est beaucoup où un canal est presque impraticable, puisqu'il exige une certaine quantité
d'eau pour l'alimenter et ne pourrait être construit dans un pays de montagnes sans un trop

---

pour l'établissement de la route de Liverpool à Manchester, dont la largeur a été calculée pour trois voies, ne permet pas de lui donner une section de plus de 22 yards, ou
environ 20,11 mètres partout où il n'y aura pas lieu à établir des magasins, des places de rencontre, et où il ne se
trouvera pas des vallées à passer au moyen de remblais, ou
des collines à traverser par des coupures ; enfin, la route à
deux voies, de Saint-Etienne à Lyon, a moins de 8 mètres
de largeur, au niveau du plan sur lequel sont posées les
ornières. La plupart des canaux en France ont au moins
10 mètres à la ligne d'eau, beaucoup en ont de 15 à 20.
Le canal latéral à la Loire aura 15 mètres, et il faut ajouter à ces nombres la largeur des chemins de halage, qui
est au moins de 2 mètres. On a même acheté, pour ce
canal, des bandes de terrain de la largeur de 40 mètres
sur presque toute sa longueur ; enfin, l'espace qu'occupent
les bassins d'alimentation, les rigoles, etc., pour les canaux, dépasse de beaucoup celui que peuvent exiger les
places de rencontre, emplacement de machines fixes, etc.,
pour les chemins de fer.

grand nombre d'écluses ; l'effet de la gravité, au
lieu d'être nuisible sur un chemin de fer, est au
contraire souvent employé avec avantage. Il
n'en est pas de même pour un canal, puisque
les plans inclinés et les bateaux à roulette paraissent abandonnés ; le canal entrave bien plus
que le chemin de fer la communication dans
le sens perpendiculaire à la longueur ; les marchandises qui craignent l'humidité sont, sur un
canal, plus sujettes à s'avarier (1). Un canal
exige ordinairement plus de temps pour sa construction et entraîne par conséquent dans une
perte d'intérêts d'argent plus grande. Enfin,
le mode de communication par chemins de fer
paraît, bien plus que celui par canaux, susceptible d'améliorations, surtout sous le rapport des
moteurs. Depuis peu d'années que l'on s'en occupe sérieusement, on a apporté plusieurs perfectionnemens importans aux machines locomotives. Le mode de communication par canaux
n'offre pas les mêmes espérances. Il est resté à
peu près stationnaire depuis le jour où il a com-
mencé à se répandre. De nombreux essais que
l'on a faits pour mouvoir les bateaux par la va-

---

(1) De ce nombre est le coke pour les hauts-fourneaux.

peur sur les canaux ordinaires ont été infructueux (1).

Quelques ingénieurs prétendent que les chemins de fer ne sauraient être supérieurs aux
canaux que lorsqu'ils ont peu de longueur. Nous
ne concevons en aucune manière sur quoi peut
se fonder une pareille opinion, nous serions plutôt portés à adopter un avis opposé. Que l'on suppose les deux points entre lesquels on veut établir une communication très éloignés l'un d
l'autre, ne voit-on pas que plus la distance est
grande, plus il y a de chances de rencontrer un
de ces obstacles qui s'opposent au passage d'un
canal, une de ces grandes pentes que le cours
d'eau doit tourner, mais que le chemin de fer
traversera, un de ces terrains tendres ou poreux
dans lesquels on évite difficilement des filtrations? On a dit que les chemins de fer en Angleterre étaient généralement courts. Il est vrai que,
dans ce pays, pendant long-temps on n'a em-

Il n'est pas
vrai de dire
que, pour de
grandes dis-
tances, les
chemins de
fer sont infé-
rieurs aux
canaux.

(1) M. Mallet, Ingénieur en chef des ponts et chaussées, dans un article traduit de l'anglais (*Journal du Génie civil*, 8e. livr., p. 374), parle cependant de nouvelles
expériences, faites récemment, sur l'application du halage
par la vapeur à la navigation intérieure, qui paraissent
avoir eu quelque succès.

ployé les *rail-ways* que dans le voisinage des usines
pour le service de quelques uns de ces établissemens, afin de communiquer plus aisément avec
la mine et le canal, la rivière ou la mer. Si aujourd'hui que, devenus voies de grande circulation, les nouveaux chemins de fer ne s'étendent
pas à de très grandes distances, c'est que les vil-
les manufacturières et commerçantes sont en Angleterre fort rapprochées les unes des autres (1).
En Allemagne, au contraire, la route à ornières
de Bohême, et, en France, les routes en fer de Lyon
à Saint-Etienne et de Roanne à Andrezieux parcourent des lignes assez longues. Nous pour-
rions multiplier les argumens pour soutenir notre thèse; mais ce n'est pas ici le lieu de la dis-
cuter plus en détails.

D'un autre côté, les partisans exclusifs des chemins de fer ont fait remarquer en faveur de ceux-
ci que, pendant ces dernières années, le Parlement
n'avait rendu presque aucun acte pour la création
de nouveaux canaux et avait accordé de nombreu-
ses concessions de chemins de fer. Que conclure

Fausse conclusion tirée du grand nombre d'actes que le Parlement anglais a accordés dernièrement pour l'établissement des nouveaux chemins de fer.

---

(1) Un ingénieur qui revient d'Angleterre nous annonce que l'on s'est décidé dernièrement à établir le chemin
de fer de Newcastle à Carlisle sur une très grande longueur,
et plusieurs autres routes à ornières entre des points assez
éloignés.

de ce fait cependant ? Rien absolument, si ce
n'est que des canaux existent en Angleterre à
peu près partout où il était possible et utile d'en
construire, et qu'on s'est avisé, depuis quelques
années seulement, d'établir des chemins de fer
sur des lignes où l'on n'avait pas pu faire des canaux.

Chemins de fer et routes ordinaires. Nous ne comparerons pas ici les chemins de
fer aux routes ordinaires, on voit presque de
suite quels sont les mérites relatifs de ces
deux genres de voie : nous avons d'ailleurs exposé plus haut quel était l'avantage qu'offraient
les chemins de fer sous le rapport du frottement,
nous nous bornerons seulement ' faire observer
qu'en Angleterre la plupart des routes ordinaires
sont faites à l'entreprise aussi bien que les routes
en fer et les canaux. Ceux-ci présentent par conséquent, dans ce pays, au commerçant un plus
grand avantage sur les routes ordinaires qu'en
France, où les unes sont faites par le Gouvernement et les autres construites par les particuliers. En effet, en Angleterre, le transport par les
chemins de fer ou canaux n'est grevé que de la
différence de leur tarif avec celui de la grande
route. En France, on paie en plus toute la taxe
fixée par ce tarif, puisque, d'ailleurs, l'impôt
pour l'entretien des chaussées pèse également sur
celui qui s'en sert et sur celui qui ne s'en sert pas.

Nous n'avons pu donner, dans ce paragraphe, qu'une idée sommaire des mérites comparatifs des chemins de fer et des canaux. Nous nous sommes surtout appliqués à juger avec impartialité ; car il est d'autant plus important, dans l'examen de pareilles questions, de se préserver de préventions mal fondées, que les moindres erreurs que l'on répand en industrie, tout en nuisant à la confiance que doit inspirer la science, conduisent les spéculateurs à leur ruine.

Observation.

PERFECTIONNEMENS PROPOSÉS

ou

RÉCEMMENT ADOPTÉS.

Convaincus de la haute importance que devaient acquérir les chemins de fer comme voies de communication de première classe, les ingénieurs ont conçu de nombreux projets dans le but de les améliorer.

Ils se sont surtout occupés du tracé de cette nouvelle espèce de route, de la construction des ornières, des chariots et des machines locomotives.

Nous avons déjà parlé plus haut de l'opinion émise par quelques personnes sur les avantages que l'on trouverait à diviser la ligne du chemin en parties horizontales et en petits plans inclinés : nous ne connaissons aucune autre idée

Tracé.

nouvelle qui ait été publiée sur le tracé des chemins de fer.

M. Palmer a proposé de n'employer qu'une
seule ornière, soutenue à une certaine hauteur
au dessus du sol. Les roues des chariots, ré-
duites alors au nombre de deux, étaient placées
au milieu d'essieux parallèles et la charge distri-
buée aux extrémités de ces essieux de part et d'autre de la voie. On sentira aisément quels sont les
avantages et les inconvéniens de cette nouvelle
construction, nous ne nous arrêterons pas à les
signaler.

M. Baader annonce avoir imaginé une disposition particulière des ornières, par suite de laquelle le frottement sera beaucoup diminué; ii
les fait reposer sur des fondemens plus solides
et plus durables, dit-il, que ceux dont on s'est
servi jusqu'à ce jour.

M. Baader a aussi construit des chariots capa-
bles de tourner avec facilité sur des courbes du
plus petit diamètre, de rouler sur les chemins
ordinaires comme sur les routes en fer, et de se
dégager à volonté de l'ornière pour laisser passage à ceux qui viennent dans un autre sens.

Cet ingénieur allemand a fait des expériences
sur son nouveau système de routes et de chariots
devant une commission composée de membres
de deux sociétés savantes de Munich, qui a pu-

blié un rapport très favorable sur ces améliorations ; mais il est à regretter que M. Baader n'ait
pris, ni en Angleterre ni en France, des brevets
d'invention, afin que le public de ces deux pays
pût apprécier ses découvertes et en jouir.

M. de Gerstuer a également inventé des chariots
susceptibles de se mouvoir sans difficulté dans
les circuits ; son procédé ne nous est pas connu,
mais il vient de prendre un brevet d'invention à
Paris.

Deux nouveaux modes d'enrayage ont été dé-
crits dans le *Bulletin des sciences technologiques*
de M. de Férussac (1), l'enrayage atmosphérique
et l'enrayage hydraulique.

Voici la description de l'enrayage atmosphérique : une manivelle fixée à l'une des roues du
chariot met en mouvement la tige d'un piston ;
celui-ci joue dans un cylindre horizontal semblable à celui d'une machine soufflante. A chacun
des fonds de ce cylindre est une soupape qui
s'ouvre en dedans, et qui est destinée à y laisser
entrer l'air, et une autre soupape, réglée par le
moyen d'un robinet, pour lui donner issue. L'air
qui est dans le cylindre, résistant à l'action du
piston, forme la puissance d'enrayage des roues,

---

(1) *Bulletin des sciences technologiques.* Juillet 1827,
page 37.

et on augmente cette puissance au moyen d'un robinet de retenue, qui laisse échapper plus ou moins d'air.

Le système de l'enrayage hydraulique consiste dans la substitution de l'eau à l'air et dans l'emploi d'un autre cylindre, qui entoure celui dans lequel le piston travaille et qui reçoit l'eau rejetée.

Mais ce sont les moteurs surtout qui paraissent avoir attiré plus particulièrement l'attention des hommes de l'art ; on vient très récemment d'y apporter de grandes améliorations ; on en jugera par l'extrait suivant des journaux de Liverpool, du 15 octobre dernier.

La compagnie des actionnaires du chemin de Liverpool avait offert un prix de 500 liv. sterl. (12,500 fr.) au constructeur de la meilleure machine locomotive. Le concours a été ouvert à Liverpool, le 7 octobre 1829. Voici quelles en étaient les conditions :

La machine ne devra pas peser plus de 6 tonnes (6090 kil., y compris l'eau de la chaudière); elle devra être en état de traîner, chaque jour, sur un chemin de niveau et en parcourant 10 milles à l'heure (16,080 mètres), un convoi de chariots d'un poids égal à trois fois le sien. La pression dans la chaudière ne dépassera pas 50 livres par pouce carré.

La machine devra être portée sur ressorts et sur six roues.

La hauteur totale de la cheminée ne devra pas excéder 15 pieds ($4^m,50$).

La machine devra être fumivore.

La chaudière devra être munie de deux soupapes de sûreté, dont une hors de la portée du machiniste.

Le train d'approvisionnement, avec le combustible et l'eau placés dessus, sera considéré et pris comme partie de la charge traînée par les machines.

Lorsque la machine portera elle-même sa provision d'eau et de combustible, on déduira un poids proportionnel de la charge qu'elle devra traîner.

La longueur de la portion de chemin sur laquelle la joûte aura lieu sera de $1\frac{1}{4}$ mille. La machine parcourra vingt fois cette distance dans l'une et l'autre direction, ce qui fait 70 milles (112,560 mètres), ou plus de deux fois la distance de Manchester à Liverpool. Un huitième de mille, au commencement de la course, lui est accordé pour parvenir à la vitesse exigée, et un huitième de mille à l'autre extrémité pour la diminuer : ainsi elle devra parcourir $1\frac{1}{2}$ mille en 9 minutes ou faire en tout $40 \times 1\frac{1}{2} = 60$ milles

(96,480 mètres) dans un espace de temps de six heures au plus.

Lorsque la machine aura fourni dix fois la carrière dans l'une et l'autre direction, elle prendra une nouvelle provision d'eau et de combustible, et, dès qu'elle sera prête, elle reviendra au point de départ, et recommencera le même travail pour la seconde fois.

On tiendra une note exacte du temps qu'aura employé chaque machine à parcourir l'espace de la course et de celui qui lui aura été nécessaire pour se préparer à un nouveau trajet.

Si la machine ne peut pas emmener avec elle une quantité d'eau et de combustible suffisante pour les dix courses, le temps employé pour en prendre une nouvelle provision sera considéré comme partie du temps nécessaire au voyage.

Les juges étaient :

M. J.-U. Rastrick, ingénieur civil de Stourbridge ;

M. N. Wood, ingénieur civil de Killingworth, près Newcastle,

Et M. J. Kennedy, de Manchester.

Machine de M. Stephenson.

Jeudi, 8 octobre. Une machine construite par M. Stephenson ouvrit le concours ; elle pesait 4 tonnes 5 quint. (4,567 kil.) avec l'eau dans la

chaudière. Ainsi, la charge qu'elle devait traîner, d'après les conditions du programme, était de
12 tonnes 15 quint. (12,942 kilog.). Elle se monta
à environ 13 tonnes (13,195 kil.), y compris un
petit nombre de personnes placées sur la machine ou sur les chariots. Cette machine parcourut d'abord 35 milles, ou dix fois l'étendue de la
lice, dans l'une et dans l'autre direction, en 5 heures 10 minutes ; ce qui correspond à une vitesse
moyenne dépassant 11 milles par heure (17,688
mètres). Elle employa 16 minutes à prendre de
nouvelles provisions, et termina son second
voyage en 2 heures 52 minutes ; ce qui fait, en
moyenne, environ 12 milles (19,308 mèt.) à
l'heure.

La vitesse de la machine parfaitement en train
était de 16 à 17 milles par heure, et si la direction du chemin avait été constamment la même,
elle eût certainement atteint une moyenne de 15
milles. Dans certains momens, elle monta jusqu'à 18 milles (28946 mèt.).

Le vendredi, la joûte fut suspendue.

Le samedi, une machine construite par
MM. Braithwait et Erickstone, de Londres,
appelée *la Nouveauté*, devait entrer en lice. Un
accident ayant exigé qu'on la réparât sur place ;
M. Stephenson fit fonctionner sa machine sans y
attacher aucune charge, et même sans le train

d'approvisionnement. Elle fit ainsi une promenade de 7 milles (11,256 mèt.) en 14 minutes, à raison de 50 milles (48,248 mèt.) par heure.

A 2 heures 59 minutes 10 secondes de l'après-midi, *la Nouveauté*, pesant 2 tonnes 13 quintaux (2,689 kil.) sans eau dans la chaudière, et 2 tonnes 17 quintaux (2,893 kil.) avec l'eau, partit en traînant la charge exigée avec une vitesse de 12 milles (19,296 mèt.) par heure, qui s'accrut au point de s'élever à 21 $\frac{1}{6}$ de mille (34,036 mèt.). Elle n'employa que 4 minutes 59 secondes pour le trajet de 1 $\frac{1}{2}$ mille (2,412 mèt.), compris entre les deux points où sa vitesse est censée uniforme, et cette vitesse fut par conséquent de 17 $\frac{1}{2}$ milles (28,140 mèt.) par heure.

Au retour, la vitesse, modérée à dessein, afin qu'elle ne variât que dans d'étroites limites, fut de 15 $\frac{1}{4}$ milles (24,522 mèt.) par heure, et la distance de 1 $\frac{1}{2}$ mille fut parcourue en 5 minutes 52 secondes.

La machine ayant mis 43 secondes pour se rendre d'un signal à un autre placé à $\frac{1}{4}$ mille plus loin, M. Price de Neath-Abbey et M. Vignolles constatèrent que, pendant ce temps, le nombre de coups de piston avait été de 142 par minute. La circonférence des roues étant de 157,4 pouces, l'espace sur lequel elle se développait, en supposant que la roue tournât constamment, était, en une minute, de 157,4 pouces $\times$ 142 $=$ 621 yards, ou, en une heure, de 21 milles et 500 yards, et enfin, en 43 secondes, de $\frac{621\times43}{60} =$ 445 yards. C'est, à 5 yards près, la distance parcourue d'après l'observation. Comme on peut attribuer cette légère différence aux erreurs presque inévitables dans l'appréciation du temps, on peut dire que la vitesse de la machine étant de plus de 21 milles par heure, les roues ont tourné constamment sans jamais glisser : les rails étaient légèrement humides.

L'heure étant trop avancée, après cette expérience, pour que la joûte continuât, *la Nouveauté* traîna des chariots vides, contenant en tout 45 personnes. Elle parcourut alors deux fois la carrière avec une vitesse moyenne de 22 milles (35,376 mèt.) par heure, et atteignit même, dans un moment, celle de 32 milles (51,456 mèt.) : ainsi se termina la journée.

Le dimanche et le lundi, la joûte n'eut pas lieu.

Le mardi, se présenta dans l'arène une machine de M. Hackworth, dite *la Sans-Pareille*. Elle pesait 4 tonnes 8 ½ quint. (4,491 kil.), et dut par conséquent, d'après les conditions du programme, traîner 13 tonnes 5 ½ quint. (13, 74 kil.). *La Sans-Pareille*, partie pour accomplir son voyage de 70 milles (112,500 mèt.), marcha pendant 2 heures avec une grande vitesse et régularité, et parcourut, en moyenne, 14 milles par heure avec son énorme charge. Un accident la força alors de s'arrêter.

Le mercredi fut le dernier jour de la lutte. La machine de MM. Braithwait et Erickstone rentra en lice ; mais après un trajet de 7 milles, elle se dérangea et fut retirée du concours.

Nouvelles expériences avec la machine de M. Stephenson. La machine de M. Stephenson monta plusieurs fois le plan incliné de Rainhill, en traînant une forte charge de voyageurs, à la vitesse de 12 milles par heure.

Divers constructeurs de machines, voyant qu'ils n'avaient aucune chance de succès, ont renoncé à concourir.

Prix adjugé à la machine de M. Stephenson. Le prix de 500 liv. st. a été adjugé à M. Stephenson ; mais, dit le journaliste, l'opinion publique s'est prononcée en faveur de MM. Braithwait et Erickstone. *La Nouveauté* est la première machine locomotive sortie des ateliers de ces constructeurs. Ils n'ont songé que quatre mois après l'annonce du concours à lui appliquer le principe de leur chaudière brevetée. Ce ne fut que le 1er. août qu'on la commença, le 29 septembre, elle arriva à Liverpool par le canal, et on ne l'essaya, pour la première fois, que deux jours avant l'ouverture du concours. Un petit nombre de semaines suffira probablement pour l'amener à un point de perfection tel qu'elle l'emportera de beaucoup sur toutes celles qui ont paru jusqu'à ce jour.

Voici actuellement la description des principales machines qui ont paru au concours de Liverpool (1).

La Nouveauté.

La *fig.* 1, *Pl.* III, est une élévation de cette machine.

F est le train; EE' une chaudière cylindrique en cuivre, A est le réservoir de vapeur, H un tube par lequel il communique avec la boîte à vapeur R. Le combustible est renfermé dans deux petits paniers P et P', placés sur le train de la machine. T est une trémie dans laquelle on le jette pour alimenter le feu; elle communique, par un tuyau L, avec le fourneau S. Le canal L traverse le réservoir de vapeur suivant son axe. M est le cendrier; D et D' sont deux cylindres de la machine, dont on ne peut voir qu'un seul dans la figure; B, la citerne qui contient l'eau;

Élévation de la machine.

(1) La description de ces machines est extraite du journal anglais intitulé *Mechanical magazine*, n. 323 et suiv. Tout ce qui précède était imprimé lorsque cet ouvrage périodique nous est parvenu; ce qui explique un petit nombre de répétitions que nous n'avons pu éviter. Cette dernière partie n'a pas été insérée dans les *Annales des Mines*.

C, un appareil pour comprimer l'air qui se rend dans le foyer, au moyen d'un tuyau passant sous le train et se terminant en K. Q est un canal qui donne issue à l'air brûlé. O G sont les bielles qui communiquent le mouvement aux roues.

Disposition
des ressorts. La *fig.* 2 sert à donner une idée plus claire de l'ingénieuse disposition des ressorts à laquelle la machine doit particulièrement son aplomb lorsqu'elle travaille. Les essieux sont fixés à la barre de fer A, et une tige C a pour but d'empêcher le mouvement de côté qui sans cela aurait lieu entre le train B et la barre de fer A.

La bielle D a été placée dans une position aussi rapprochée que possible de la position horizontale, afin que les mouvemens de la machine et ceux des ressorts ne se contrariassent pas mutuellement. Elle communique avec la tige du piston au moyen d'équerres de sonnette attachées à des tringles F.

Les ressorts sortent de l'excellente fabrique de M. Thrupp.

Description
des roues. Les roues sont semblables à celles pour lesquelles MM. Jones et compagnie ont pris un brevet.

En voici la description (1).

---

(1) Cette description ne se trouve pas dans le numéro

On sait que, dans les roues ordinaires en bois
ou en fer, le poids des chariots presse sur les
rais au dessous du moyeu. Il suit de ce mode
de construction que les rais, ayant à supporter
l'effet de tous les chocs ou cahots, ne tardent pas
à se briser, surtout lorsqu'on fait marcher la
voiture avec une grande vitesse. Dans les roues
de M. Jones, le poids est suspendu à la demi-cir-
conférence supérieure de la roue; c'est ce que l'on
concevra aisément en étudiant les *fig.* 3, 4, 5 et 6.

La *fig.* 3 est une vue de la roue. Une des extrémités des rais pénètre dans des trous coniques percés de distance en distance dans la jante
en fer; l'autre extrémité entre dans le moyeu et est
retenue par un écrou *e, fig.* 4, mais de façon qu'il
y ait un peu de jeu. On voit aussi que le moyeu
est double et que les rais, plongeant alternative-
ment dans les deux boîtes du moyeu, font entre eux des angles et soutiennent la roue laté-
ralement. Ainsi les chocs ou cahots font rentrer
momentanément les rais de quelques lignes
dans le moyeu, au lieu de tendre à les briser.

Un autre avantage de ces roues est d'avoir une

---

du *Mechanical magazine*, qui renferme celle de la machine de MM. Braithwait et Erickstone; nous l'avons extraite d'une livraison plus ancienne du même journal, publiée en avril 1828.

jante parfaitement cylindrique, dont chacun des points repose sur le terrain ou sur le rail ; car on considère les roues coniques comme dégradant beaucoup les routes ordinaires, et cela même à un tel point qu'un acte de concession du Parlement, accordé récemment pour un nouveau chemin, stipule qu'on devra faire un tiers de rabais sur le tarif aux personnes employant des roues qui pressent également par tous les points de leurs jantes sur le terrain.

La *fig.* 5 étant une section du moyeu, m est un réservoir fermé par une vis que l'on retire pour graisser l'essieu sans enlever la roue; *ce* sont des plaques qui empêchent les écrous de se devisser. Le graissage se fait d'une manière extrêmement simple, et on n'a besoin de le répéter que deux ou trois fois par an, tandis que les roues ordinaires exigent cette opération au moins une fois par semaine.

Les roues de MM. Jones sont donc en même temps plus solides, plus durables et moins sujettes aux accidens que les roues ordinaires. Elles nuisent moins aux routes et même sont assez légères; car le poids de celles de la machine de MM. Braithwait et Erickstone ne dépasse pas 15 quint. (660 kil.); enfin, à tous ces avantages elles joignent aussi celui de se vendre à un prix modéré.

Après avoir décrit les parties extérieures de *la*

Nouveauté, il nous reste à donner une idée de ses parties intérieures.

La *fig.* 7 , tracée de mémoire, est une coupe dans laquelle sont comprises les principales parties de la machine.

S est le fourneau, qui est alimenté de combustible par la trémie T , au moyen du tuyau L traversant le réservoir de vapeur A. L'air chaud passe de ce fourneau dans un tube, qui, après s'être replié sur lui-même deux ou trois fois dans l'intérieur du cylindre EE', aboutit au canal Q; on voit que le diamètre de ce tube va constamment en diminuant jusqu'à son extrémité dans la cheminée. Les parties ombrées indiquent la place qu'occupe l'eau.

La portion de surface exposée de cette manière à l'action de la chaleur est beaucoup moins grande que dans les autres machines, et si le tirage ne s'opérait que naturellement comme dans ces dernières, la quantité de vapeur produite dans un temps donné par un certain poids de combustible ne serait sans doute pas plus considérable ; mais au lieu de se servir d'une haute cheminée, MM. Braithwait et Erickstone emploient une espèce de soufflet (1) indiqué en C,

(1) M. Stephenson avait eu, avant MM. Braithwait et Erickstone, l'idée d'activer la combustion dans les machines

fig. 1, qui chasse l'air chaud dans le canal intérieur de la chaudière, et qui, fournissant ainsi une plus grande quantité de calorique dans le même temps, produit un effet analogue à celui qui résulterait d'une augmentation de la capacité du fourneau ou de la longueur du canal pour la circulation de l'air. Outre cela, la quantité d'air atmosphérique comprimé, qui est introduite sous le foyer et à travers par le canal K, non seulement a l'avantage de chasser l'air chaud dans le conduit, mais encore est elle-même une source de chaleur remplaçant une certaine quantité de combustible : c'est principalement dans ces deux circonstances, l'augmentation du tirage et l'addition de calorique due à l'air injecté, que consiste le mérite de *la Nouveauté* (1); c'est là

---

locomotives, au moyen d'un soufflet, comme on peut le voir dans la description que nous avons donnée de la machine de Bolton, mais il n'en a pas tiré un parti aussi avantageux que ces constructeurs.

(1) Nous exprimons ici l'opinion de l'éditeur du *Mechanical magazine*, mais nous ne la partageons nullement. Les soufflets produisent un fort tirage, et en effet celui-ci est nécessaire pour que la production de vapeur soit proportionnelle à la consommation de la machine marchant avec une grande vitesse; mais il n'entraîne immédiatement aucune économie de combustible, puisque l'on brûle du coke, qui ne renferme pas de parties volatiles suscepti-

qu'il faut chercher le secret de son immense supériorité. L'activité de son travail supplée à la petitesse de ses dimensions, et la quantité de chaleur qu'elle emprunte de l'air comprimé explique sa faible consommation en combustible.

Il faut bien observer aussi que la rapidité du courant d'air ne nuit nullement à son action ; car telle est la facilité avec laquelle de petits tubes, semblables à ceux qui passent dans la chaudière, enlèvent la chaleur des fluides élastiques qui les traversent et la transmettent au liquide qui les environne, que la moindre portion de calorique ne peut se perdre.

Le canal de circulation $efgh$ diminue graduellement de diamètre, parce que l'air chaud, se refroidissant à mesure qu'il le traverse, diminue aussi de volume : ce canal a une pente descen-

---

bles de se distiller à une basse température. Comment d'ailleurs l'air comprimé fournirait-il un supplément de calorique de manière à remplacer une certaine quantité de combustible, puisque, d'après les expériences de M. Despretz, la quantité de chaleur que développe le carbone en brûlant est la même, quelle que soit la densité de l'air atmosphérique? (V. *An. de Chim. et de Physique*, 1828, février, p. 180.) Nous pensons que c'est plutôt aux bonnes dispositions de la machine, pour utiliser la chaleur produite, qu'il faut attribuer la faible consommation en combustible que nous indiquons plus loin.

dante telle, que si l'on jette une petite bille de marbre à son extrémité supérieure, elle glisse avec rapidité en en parcourant tous les contours, jusqu'à ce qu'elle sorte par l'autre bout. Cette combinaison a pour but de permettre aux poussières provenant du fourneau de sortir ainsi de la machine.

Le brevet d'invention pris par MM. Braithwait et Erickstone, pour cette espèce particulière de chaudière, fait mention de deux tuyaux, dont un porte l'air comprimé dans la partie supérieure de la couche de combustible, et l'autre au contraire sous cette couche ; mais on n'emploie ces deux tuyaux que lorsqu'on brûle de la houille, afin de produire une combustion plus complète. Quand on se sert de coke, comme avec *la Nouveauté,* le tuyau supérieur est inutile.

Nous allons enfin expliquer avec détails la cause des accidens qui, lors du concours, ont empêché la machine de terminer sa course.

Cause des accidens survenus à *la Nouveauté* lors du concours de Liverpool. La machine, comme nous l'avons déjà dit, avait été construite très-à la hâte; ainsi l'on devait s'attendre à ne pas la trouver parfaite en tous points. La pompe alimentaire fut la première partie qui ne parut pas fonctionner convenablement : cela fut cause que l'eau, qui devait se maintenir constamment à la hauteur indiquée dans la *fig.* 7, descendit au dessous de l'extrémité supérieure du canal *efgh*, qui, se trouvant alors exposé à une haute température, après avoir cessé d'être en contact avec le liquide, céda en *a*. Pour le réparer, il fut nécessaire d'enlever les parois du réservoir de vapeur A, et, pour cela, de séparer les joints *b, c, d*, etc. On n'éprouva aucune difficulté à raccommoder le canal de circulation de l'air chaud, mais on ne réussit pas aussi aisément à rétablir les joints tels qu'ils étaient d'abord. Le lut ou ciment qui en bouchait toutes les ouvertures aurait demandé une semaine au moins pour se durcir convenablement, et il y avait à peine douze heures qu'on l'avait posé, lorsque la machine fut obligée d'achever l'épreuve qu'elle avait commencée. Les joints, comme on pouvait le prévoir, ne purent supporter la haute température à laquelle ils furent exposés ; la vapeur ne tarda pas à s'échapper de tous les côtés, et on fut obligé de s'arrêter.

Toute personne impartiale jugera, d'après ce qui précède, que ce petit malheur ne peut en aucune manière nuire à l'opinion favorable que l'on doit se former de *la Nouveauté*. D'ailleurs, cette machine ne tardera pas à prouver de nouveau, et d'une manière encore plus décisive, sa supériorité.

Telle est la description de *la Nouveauté*, donnée par l'éditeur du *Mechanical magazine* ; et té et réponse à ces reproches.

telle est son opinion sur cette machine. M. Hébert, rédacteur du *Register of Arts*, lui a écrit, à ce sujet, plusieurs lettres critiques. Les principaux reproches qu'il adresse à *la Nouveauté* sont d'avoir un réservoir de vapeur trop grand, ce qui la rend sujette à des explosions fort dangereuses, et d'être exposée, dans certaines de ses parties, à une prompte et destructive oxidation de la part de l'air comprimé du soufflet. M. Braithwait a répondu que le réservoir à vapeur de sa machine était beaucoup plus petit que celui de toutes les autres machines qui avaient concouru à Liverpool, et que le danger d'explosion était presque inséparable des machines à haute pression; quant à l'oxidation, il pense que l'air comprimé étant projeté sur le charbon, et presque instantanément brûlé, ne peut attaquer bien fortement les parois de l'appareil.

Nous sommes, dans cette discussion, tout à fait disposés à prendre le parti de M. Braithwait. Toutes les machines locomotives, sur les chemins de fer du nord de l'Angleterre, ont aussi des réservoirs de vapeur beaucoup plus grands que *la Nouveauté*; les accidens qui leur sont arrivés n'ont été cependant ni très nombreux ni très graves, et on pourrait, en tous cas, en mettre les voyageurs tout à fait à l'abri en les séparant convenablement du moteur. D'ailleurs, montrer

qu'une machine n'est pas entièrement parfaite,
ce n'est pas prouver qu'elle n'est pas supérieure,
dans son ensemble, à toutes celles qui l'ont pré-
cédée. M. Hebert cite une nouvelle machine de
l'invention de MM. James et Anderson, dont
nous donnerons plus loin une idée, dans laquelle,
au moyen d'un grand nombre de tubes bouilleurs, on a évité le danger des explosions; mais
il s'agit de savoir si elle présente en outre les
mêmes avantages que la machine de MM. Braithwait et Erickstone.

La Fusée.

La *fig.* 8 représente la machine avec son train
d'approvisionnement, mais sur une échelle moitié moindre que celle des *fig.* 1 et 2.

Le fourneau A a 2 pieds de largeur sur 5 de
hauteur, la chaudière a 6 pieds de long sur 3 pieds
de diamètre.

Le foyer, comme dans *la Nouveauté*, est en-
touré de plaques bien jointes, autour desquelles
règne un espace de 3 pouces, rempli d'eau et
communiquant avec la chaudière. L'air chaud
circule dans l'intérieur de la chaudière au moyen
de vingt-cinq tubes de cuivre de 5 pouces de diamètre, qui vont aboutir à la grande cheminée
C; F et G sont des soupapes de sûreté; H H le
canal d'éduction de la vapeur; D, un des cylin-

dres à vapeur qui sont inclinés à l'horizon; E est une des bielles qni communiquent le mouvement aux roues.

La provision de combustible est placée en M, et la provision d'eau dans la citerne N.

Le travail de cette machine annonce une production de vapeur abondante et soutenue; mais la grande portion de surface qu'il a fallu exposer à la chaleur pour produire cet effet, la grande dimension de toutes les parties, et la consommation considérable de combustible de *la Fusée* doivent être considérées comme des fautes que ne compenserait pas une production de vapeur encore plus copieuse. Non seulement cette machine ferait tort aux rails par son poids, mais encore sa cheminée, qu'il a fallu élever considérablement pour obtenir le tirage que produisent les soufflets de *la Nouveauté*, fait balancer la chaudière de côté et d'autre, de façon que les rail subissent des chocs latéraux qui tendent à les déplacer.

La Sans-Pareille.

La *fig.* 9 est une élévation de *la Sans-Pareille*, sur la même échelle que *la Fusée* ($\frac{1}{4}$ pouce par pied). *La Sans-Pareille* ressemble beaucoup à la machine de M. Stephenson, mais les différentes parties en sont mieux *rassemblées* ; le fourneau et la chaudière ne sont pas juxta-posés comme dans *la Fusée*, mais font partie d'un même ensemble. Ainsi, *fig.* 10, A est le fourneau ; BB, le canal par lequel l'air chaud se rend dans la cheminée ; ils sont entourés l'un et l'autre par les parois de la chaudière. Les cylindres D, *fig.* 9, sont à peu près semblables à ceux de *la Fusée*, avec cette différence, cependant, qu'ils sont verticaux au lieu d'être inclinés. La vapeur perdue s'échappe par un conduit extérieur G, qui a une pente ascendante du côté de la cheminée C, de façon que les portions qui pourraient se condenser retombent, par le conduit vertical, dans les pompes alimentaires, dont une seule est vue dans le dessin.

Le mode de génération de la vapeur est le même que celui qui a été imaginé par Trevithick en 1804 ; il présente tous les avantages de ce dernier sans qu'on ait cherché à remédier à aucun de ses inconvéniens. Le fourneau et la chaudière sont d'une construction très simple et certainement avantageuse sous différens rapports ; mais leurs grandes dimensions et la quantité de combustible et d'eau qu'ils réclament ne sont guère propres à les faire imiter.

La Cyclopède.

La Cyclopède, autre machine qui s'est présentée au concours de Liverpool, n'est pas une
machine à vapeur. Un cheval, placé dans une espèce de compartiment en planches, met en mouvement, avec ses pieds, une chaîne sans fin qui passe
sur les essieux d'un train de voiture; il agit à peu
près comme un écureuil qui fait tourner sa cage.
Pour que la comparaison fût exacte cependant, il
faudrait que l'écureuil marchât à l'extérieur de la
grille et non dans l'intérieur.

Nous ne donnerons pas une description plus
détaillée de cette machine, qui ne paraît pas mé-
riter de fixer l'attention.

La Persévérance.

Cette machine de M. Burstall, d'Édimbourg,
ne diffère que très peu de celle que cet ingénieur
a inventée pour se transporter par la vapeur sur
les routes ordinaires; elle a été déjà décrite dans
plusieurs ouvrages périodiques.

Comparaison entre les principales machines qui ont concouru pour le prix de 500 liv. sterl., à Liverpool.

Comparons-en d'abord le poids :

Nouveauté.

	ton.	qx.	lbs.
Poids de la machine . . .	2	15	0
Eau dans la chaudière..	0	4	2
Eau dans la citerne. . . .	0	11	12
Paniers pour le coke..	0	0	76

3 10 90 = 7930 liv. (3592 kil.)

Fusée.

Poids de la machine avec l'eau dans la chaudière. 4 3 0
Train d'approvisionnement avec sa charge. 1 13 0

5 16 0 = 12992 liv. (5885 kil.)

Sans-Pareille.

Poids de la machine avec l'eau de la chaudière. 4 8 0
Train d'approvisionnement avec sa charge. 1 13 0

6 1 0 = 13652 liv. (6184 kil.)

12.

La Nouveauté pèse un peu plus de la moitié (1) de chacune des deux autres machines. Elle doit donc avoir un moindre frottement à surmonter et nuire moins aux rails. On croira peut-être aussi que, pesant moins, elle doit aussi avoir moins de force; mais nous rappellerons ici que la capacité intérieure des cylindres et la pression de la vapeur sont exactement les mêmes pour les trois machines.

Les trois machines brûlent du coke.

Consommation en combustible.

Les propriétaires de *la Nouveauté* ont annoncé qu'ils parcourraient un espace de 25 milles avec 4 boisseaux de coke seulement; d'après ce qu'ils ont fait, il ne nous reste aucun doute que cette quantité leur aurait suffi pour accomplir le voyage.

Le poids de combustible brûlé par *la Fusée*, eu accomplissant ses deux courses de 35 milles chaque, a été d'environ $\frac{1}{2}$ tonne.

Nous ne connaissons pas exactement la quantité de coke brûlée par *la Sans-Pareille* pour parcourir les 25 milles après lesquels elle a été obligée de s'arrêter; mais on nous a dit qu'elle était à peu près égale à celle qu'avait employée *la Fusée* pour une distance double. En effet, la construction des chaudières de ces deux machines nous con-

---

(1) Elle pèse environ les trois quarts.

duit aussi à penser que *la Sans-Pareille* doit comsommer beaucoup plus de coke que *la Fusée*. Nous ne commettrons donc pas une grande erreur en admettant une différence d'un quart en sus pour *la Sans-Pareille*.

Ainsi, ces trois machines auront brûlé par mille :

	liv.	on.	d.	Dép. en argent.
La Sans-Pareille.	18	10	10	2 pences.
La Fusée.	14	14	14	1 1/2 pence.
La Nouveauté.	4	12	12	1/4 pence (1).

Voici enfin un tableau comparatif des vitesses moyennes des trois machines :

---

(1) Nous copions toujours le *Mechanical magazine* ; mais nous ferons observer que ce tableau n'établit en aucune manière une comparaison juste entre la consommation en combustible des trois machines. Pour bien juger, l'éditeur de ce journal aurait dû indiquer la consommation par tonne de charge et par mille.

En partant des données suivantes :

Charge de :

	ton.	qu.
La Nouveauté.	6	2
La Fusée.	12	15
La Sans-Pareille.	13	6

Nous aurions :

Consommation de :

	Par ton. et par mille.
La Nouveauté.	0,79 liv. de coke (ok,36)
La Fusée.	1,30 ——— (ok,59)
La Sans-Pareille.	1,50 ——— (ok,68)

Il est probable que la consommation de la *Sans-Pareille* est plus grande.

MILLES PAR HEURE.

	Avec une charge égale à trois fois le poids de la machine.	Avec une voiture et des voyageurs.
La Sans-Pareille.	12 1/2	»
La Fusée.	11 1/2	24
La Nouveauté.	20 3/4	32 (1).

Machine locomotive de MM. James et Anderson.

En parcourant la collection des derniers numéros du *Mechanical Magazine*, nous y trouvons la description de différens perfectionnemens proposés pour les moteurs ou pour la construction des chemins de fer. Nous nous bornerons à en extraire quelques renseignemens sur une nouvelle machine locomotive, inventée par MM. James et Anderson, qui marchera sur les routes ordinaires, mais qui pourra également servir sur les chemins en fer.

Génération de la vapeur. La chaudière est formée d'une série de petits tubes bouilleurs disposés en spirale et rangés

---

(1) Il faut encore observer que pour apprécier le véritable effet utile de ces machines, c'est à dire celui qui est payé par le public, il faudrait comparer leur vitesse lorsqu'elles traînent un même poids de marchandises, ou, comme on peut supposer le poids des chariots égal pour chacune d'elles, lorsqu'elles traînent une même charge, y compris ce poids.

circulairement. de manière à offrir l'aspect d'un cylindre d'anneaux. Ces tubes communiquent entre eux, en sorte que l'eau et la vapeur ont la facilité de circuler d'une extrémité à l'autre du système. Ils sont en fer de première qualité et ont $\frac{3}{4}$ pouce de diamètre; le fourneau est placé au centre du cylindre et avec ses canaux de tirage en occupe tout l'intérieur. Il est mobile, et on peut,à volonté, lui faire prendre cette position ou l'en retirer. Les bouilleurs d'une machine de huit chevaux ont une longueur de 43o pieds 5 pouces ($131^m,15$); ils ne sont qu'à moitié pleins d'eau, et le reste de leur vide intérieur est réservé à la vapeur : la flamme et l'air chaud, en se rendant du fourneau à la cheminée, les entourent de toutes parts.

La vapeur, étant parvenue au degré d'élasticité voulu, se rend dans les cylindres de la machine : cette élasticité est de 200 livres par pouce carré; mais les parois des bouilleurs ont soutenu une épreuve de 4,000 livres. Ainsi, elles offrent une résistance vingt fois aussi grande que celle qui est strictement nécessaire.

Quatre pistons, jouant dans quatre cylindres indépendamment les uns des autres, communiquent le mouvement aux quatre roues de la machine; et comme on peut, au moyen de robinets ou soupapes, diminuer et augmenter la quantité de vapeur qui se rend dans chacun des cylindres, ou modère ainsi, à volonté, la vitesse de chacune des roues; ce qui permet de parcourir aisément les courbes du plus petit diamètre.

Nettoyage de la chaudière.

On sait que le plus grand inconvénient des chaudières à bouilleurs est la difficulté d'en nettoyer les tubes, dont les parois se couvrent bientôt d'une croûte de dépôt, qui ne tarde pas à être assez épaisse pour les boucher entièrement. Voici comment les inventeurs de cette machine en nettoient les bouilleurs. Lorsque l'opération du décrassage devient nécessaire, on retire le fourneau de l'intérieur de la chaudière, et on introduit dans les bouilleurs un certain nombre de petites balles ou autres corps du même genre; on imprime à la chaudière, au moyen d'un mécanisme particulier, un mouvement de rotation sur elle-même ou de vibration, de manière que les balles roulent et frottent dans les bouilleurs en en détachant les sédimens. L'éditeur du *Mechanical magazine* ne croît pas que ce procédé puisse réussir complétement.

Le poids total du chariot à vapeur, y compris le combustible et l'eau nécessaires pour une tournée de 5o milles, d'après l'éditeur du *Register of Arts*, n'excède pas 26 quintaux (1). Cette

____

(1) Ce nombre est si faible, qu'on a peine à l'admettre.

machine ne fera pas plus de 12 milles à l'heure, mais elle est susceptible d'acquérir une plus grande rapidité.

Nous n'avons aucune donnée sur la consommation en combustible de la machine de MM. James et Anderson, qui, d'ailleurs, n'a encore été l'objet d'aucun essai décisif; mais bientôt nous pourrons mieux l'apprécier, puisque ces messieurs se proposent de l'appliquer aux voitures publiques.

CONCLUSION.

Ce mémoire, imprimé en grande partie avant que nous ayons eu connaissance à Paris des résultats extraordinaires auxquels a conduit le concours de Liverpool, renferme nécessairement plusieurs conclusions ou opinions, qui, basées sur des observations que nous avons faites l'année dernière en Angleterre, demanderaient aujourd'hui à être modifiées. Les expériences dont nous venons de donner la description semblent promettre aux chemins de fer un brillant avenir. Il paraît incontestable que les nouvelles machines locomotives, unissant la force à la légèreté, à l'économie et à d'autres qualités moins importantes, sont infiniment supérieures aux anciennes. On ne peut cependant rien préciser sur ce sujet avant qu'un long emploi de ce moteur perfectionné ait permis d'en apprécier exactement la supériorité, et de présenter le chiffre de l'économie qu'il procure.

C'est au temps maintenant à décider entre les canaux et les chemins de fer. Le problème est important, et, chaque jour, les documens qui tendent à en éclaircir les difficultés se multiplient; mais, dans quelques années seulement, des résultats de pratique nombreux et bien constatés pourront nous en fournir une solution. Nous osons prédire cependant que cette question ne cessera jamais de dépendre des localités, et que si les chemins de fer finissent par l'emporter dans un grand nombre de cas, les canaux n'en conserveront pas moins leur supériorité dans plusieurs circonstances. Les uns et les autres seront de grandes sources de richesse pour un pays. Puisse la France, bientôt traversée dans tous les sens par ces grandes voies de communication, en devenir la preuve !

Légende des Planches I et II.

C, *fig.* 1, Pl. II, chaudière; elle est cylindrique et formée de plaques de tôle jointes ensemble par des clous rivés.

A la hauteur *yy′* environ, est un petit plancher de la largeur de 8 à 9 pouces, que nous n'avons pas représenté, et sur lequel l'ouvrier machiniste est placé commodément pour arrêter ou faire marcher les soupapes.

Au dessus de ce plancher, la chaudière est recouverte de petites lattes de bois, qui empêchent une trop grande déperdition de chaleur. Ces lattes ne sont également pas indiquées dans le dessin.

P, cheminée dans laquelle se rendent les produits de la combustion provenant des foyers qui sont dans des cylindres intérieurs à la chaudière, et la vapeur qui a servi.

T, tuyau horizontal en cuivre rouge, par lequel la vapeur passe de la boîte à vapeur B dans la cheminée.

A, un des cylindres à vapeur; il est incliné de 45 degrés à l'horizon. Dans ce cylindre, se meut un piston dont la tige *ik* se lie, par une charnière à boule, à la bielle *k′l*; la boule est fixée à une boîte $oo'o''o'''$, qui glisse entre deux guides mm' et $m''m''''$. La bielle $k'l$ est attachée en l à la roue, à laquelle elle communique le mouvement circulaire.

Les *fig.* a,a',a'',b,b',c,c' représentent les détails de jonction des bielles.

B, boîte à vapeur. Un tuyau coudé en h la met en communication avec la chaudière. Le cercle h est la projection de la partie horizontale. Le conduit horizontal T., déjà mentionné, la lie à la cheminée.

V et V', roues. Les rais sont en bois, et les jantes recouvertes d'un contour en fer malléable; à 1 pied 1 pouce du centre, est un anneau circulaire en fer, auquel est attachée la bielle lk'.

R et R', ressorts. Un cadre projeté en QQ', et auquel est attachée invariablement la chaudière par quatre colonnes en fonte, est suspendu à chacun de ces ressorts par quatre petites tiges verticales projetées en pp'.

$ecd\ e'c'd'$. Système de leviers coudés pour faire marcher la tige des tiroirs, comme l'indiquent les autres figures.

Fig. 2, Pl. II. Vue de la chaudière par devant.

F et F' sont les deux foyers avec les cendriers C et C' au dessous.

La buse des soufflets passe dans un des foyers F'. Quand on veut diminuer le courant d'air, on retire la buse, et on ferme l'ouverture du cendrier avec une petite plaque.

A et A' sont les cylindres à vapeur.

Dans les nouvelles machines en construction, on compte supprimer le soufflet, parce qu'il soulève constamment le train de derrière. On disposera alors différemment les tubes pour les foyers.

R, Roue d'angle dentée, enarbrée sur l'essieu avec les roues de la machine, laquelle fait tourner horizontalement une autre roue d'angle R'. La roue R' est portée elle-même par un arbre vertical, qui fait marcher un robinet tournant. Au moyen de ce robinet, on fait agir la vapeur, par détente, pendant la moitié de la course du piston.

Nous n'avons pu voir l'intérieur de la chaudière ni obtenir à cet égard une explication suffisante; mais il paraît que les deux tubes A et B, *fig.* 3, Pl. II, qu ènent la vapeur aux boîtes à vapeur, se réunissent, en C, en un tube vertical, dans lequel agit le robinet tournant.

Fig. 3o, Pl. I. Vue de la machine de l'autre côté.

A, second cylindre à vapeur, disposé comme le premier.

P, pompe foulante. Elle tire l'eau, par un tube

de cuir, d'un tonneau placé derrière sur un train T, et la fait monter par un canal C dans la chaudière.

Suivant le cercle *nq* est projeté verticalement un canal horizontal se rendant dans la chaudière.

S′, soupape que l'on charge à volonté.

La tige du piston de la pompe foulante se lie invariablement, par une traverse, à celle du piston du cylindre A, comme l'indique la *fig.* 3o.

Fig. 31. Projection horizontale des parties qui se trouvent au dessous de la chaudière.

R, Roue d'angle qui fait marcher le robinet tournant pour la détente.

E, Excentrique qui communique, par l'intermédiaire de l'arbre horizontal A, le mouvement au système de tiroirs de l'un des cylindres à vapeur.

E′, Excentrique qui communique, par l'intermédiaire du manchon M, le mouvement au système de tiroirs de l'autre cylindre à vapeur.

L'arbre A tourne dans son manchon M, et indépendamment de ce manchon ; à celui-ci attient la tige qui communique le mouvement à l'un des systèmes de tiroirs ; à l'arbre A se lie celle qui le communique à l'autre.

S, Ressorts auxquels est suspendu le cadre $cc'c''c'''$ par de petites tiges verticales, au moyen d'oreilles ou parties saillantes.

Fig. 32. Projection horizontale de quelques détails de la partie supérieure de la chaudière.

ab, Traverse horizontale communiquant le mouvement aux tiroirs situés du côté de *b*.

mm', Manchon communiquant aux tiroirs situés du côté de *a*.

On remarque en *v* et *v'* de petits boutons, qui attiennent l'un à l'arbre, l'autre au manchon *mm'*. Les tiges *rg*, *dg'*, *fig.* 1, Pl. II, portent, à leurs extrémités en *d* et *r*, des espèces d'anneaux, par lesquels l'ouvrier fait passer à volonté le bouton ou bien l'en sépare, afin de diriger ou d'arrêter les tiroirs suivant ses désirs.

S, Soupape de sûreté.

S', Deux quarts de roues dentées, auxquels l'ouvrier fait faire à volonté un quart de révolution autour de leurs centres *c* et *c'*, à l'aide d'un manche *pc'*, de manière à les amener dans la position indiquée par les lignes pointées. Dans la première position, ils permettent au robinet tournant de produire son effet en faisant agir la vapeur par détente ; dans la seconde position, ils l'en empêchent, et la vapeur n'agit plus que par l'effet de son élasticité à son entrée dans le cylindre.

On fait ordinairement agir la vapeur par détente au commencement de la marche, lorsqu'il

n'y en a encore qu'une petite quantité de formée, afin de la ménager, et on l'emploie sans
détente lorsque l'opération est en graude activité.

Comme nous n'avons pu esquisser cette machine que lorsqu'elle travaillait, il est possible
que quelques détails soient inexacts ; mais on
peut compter sur la parfaite exactitude des dimensions importantes.

TABLE DES MATIÈRES.

Rails en fonte.

Rails en fer et bois.

TRAVAUX DE TERRASSEMENS ET POSE DES RAILS.

DES CHARIOTS.

Forme, dimensions et poids des différentes parties.

DU TRACÉ DES CHEMINS DE FER.

Considérations générales.

Tonnage.

FIN DE LA TABLE DES MATIÈRES.

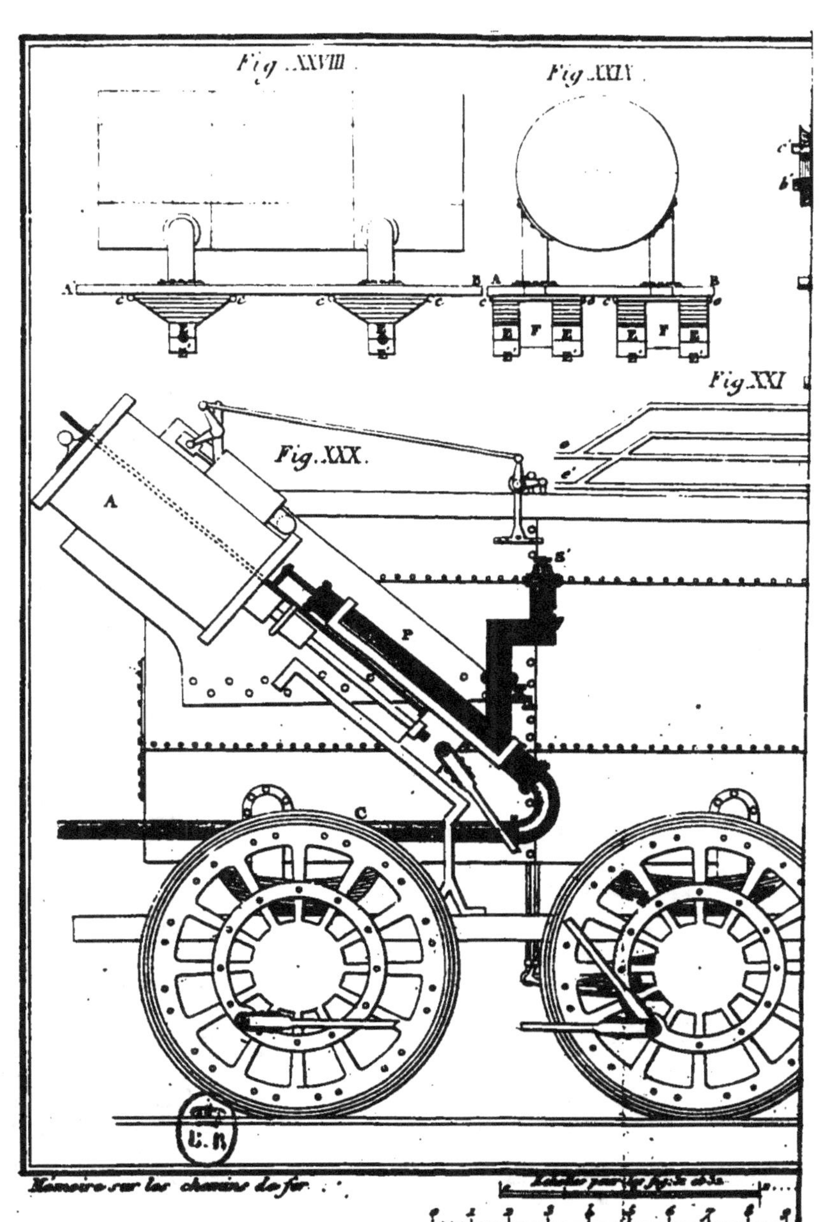

Fig. XXVIII.
Fig. XXIX.
Fig. XXXI.
Fig. XXX.
A
P
C
Mémoire sur les chemins de fer.

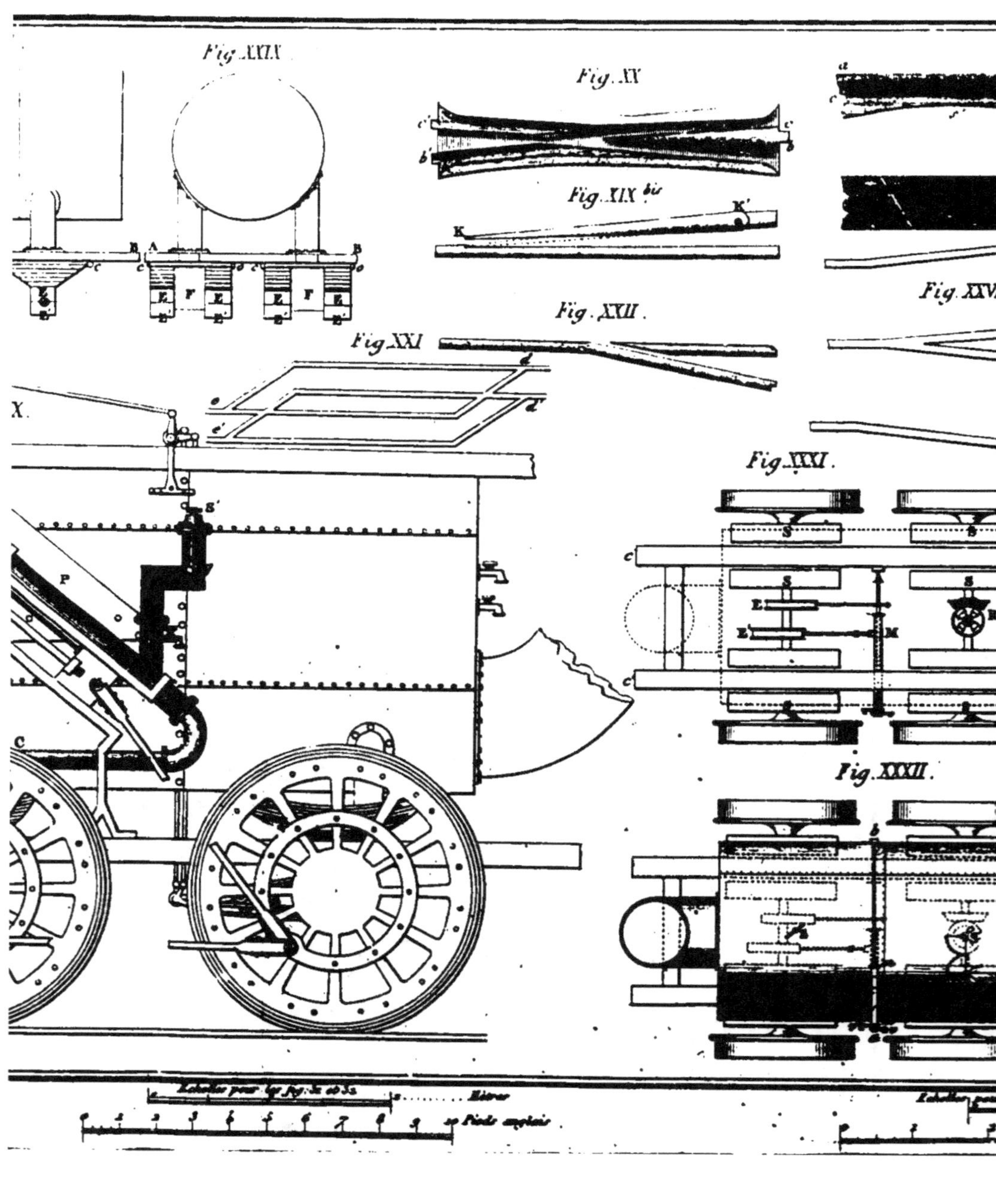

Fig. XXIX.
Fig. XX
Fig. XIX bis
Fig. XXII.
Fig. XXI
Fig. XXVI
Fig. XXXI.
Fig. XXXII.
Echelle pour les fig. XX à XXXI.
Mètre
10 Pieds anglais

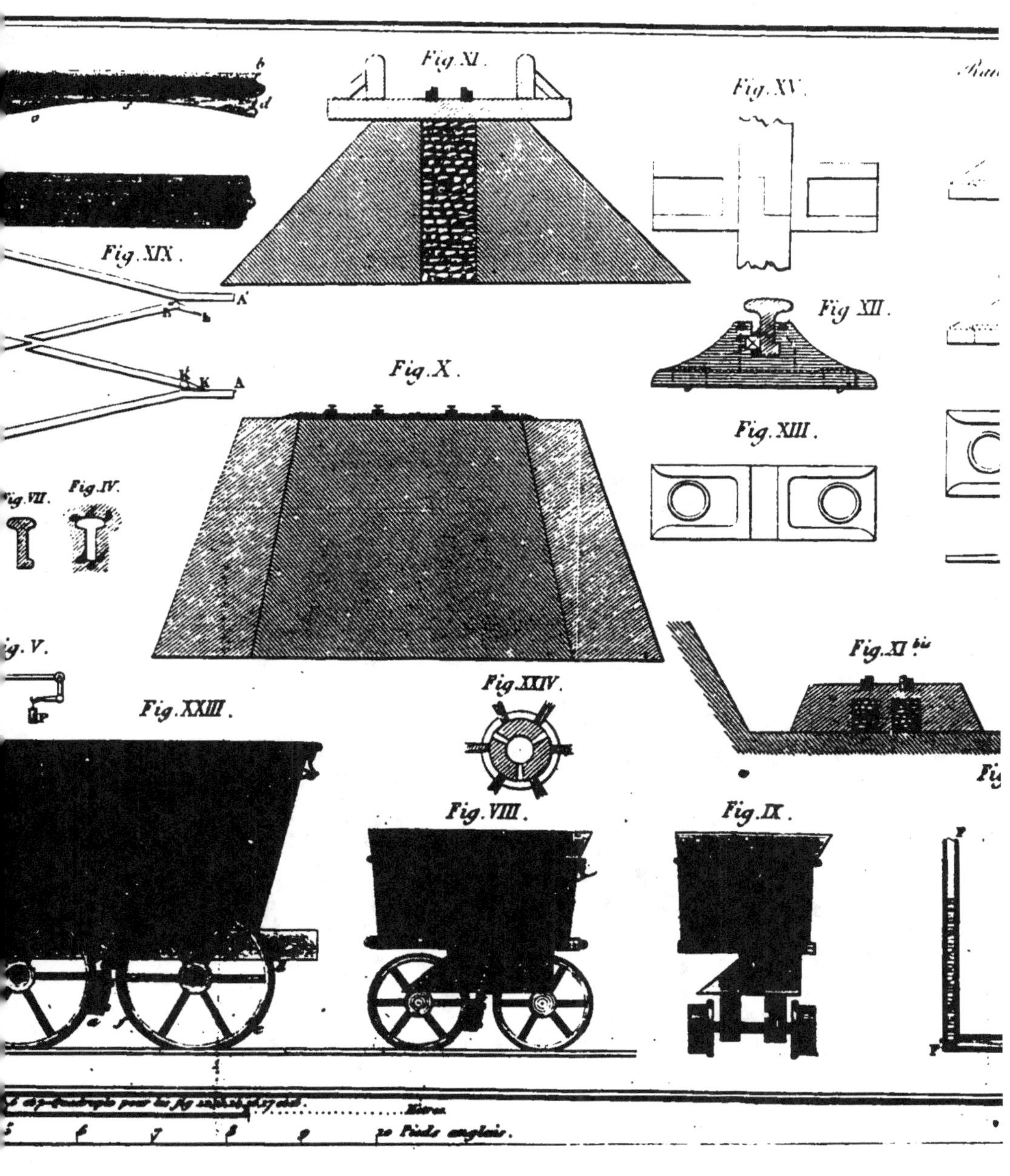

Fig. XI.
Fig. XV.
Fig. XIX.
Fig. XII.
Fig. X.
Fig. XIII.
Fig. VII.
Fig. IV.
Fig. V.
Fig. XI bis
Fig. XXIII.
Fig. XXIV.
Fig. VIII.
Fig. IX.
Mètres.
Pieds anglais.

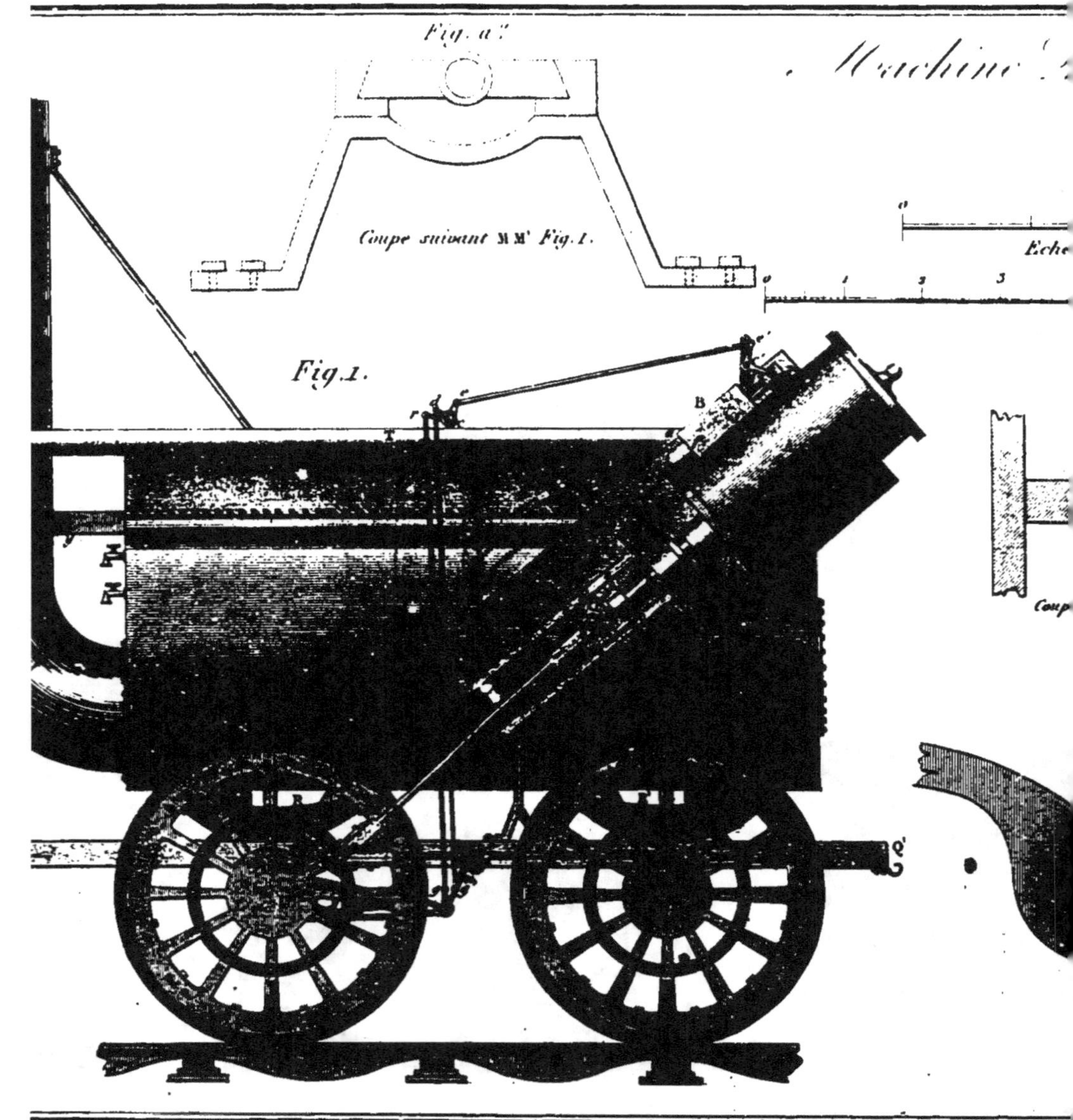

Fig. 2.
Coupe suivant M M' Fig. 1.
Machine
Echel
Fig. 1.
B
chemins de fer.

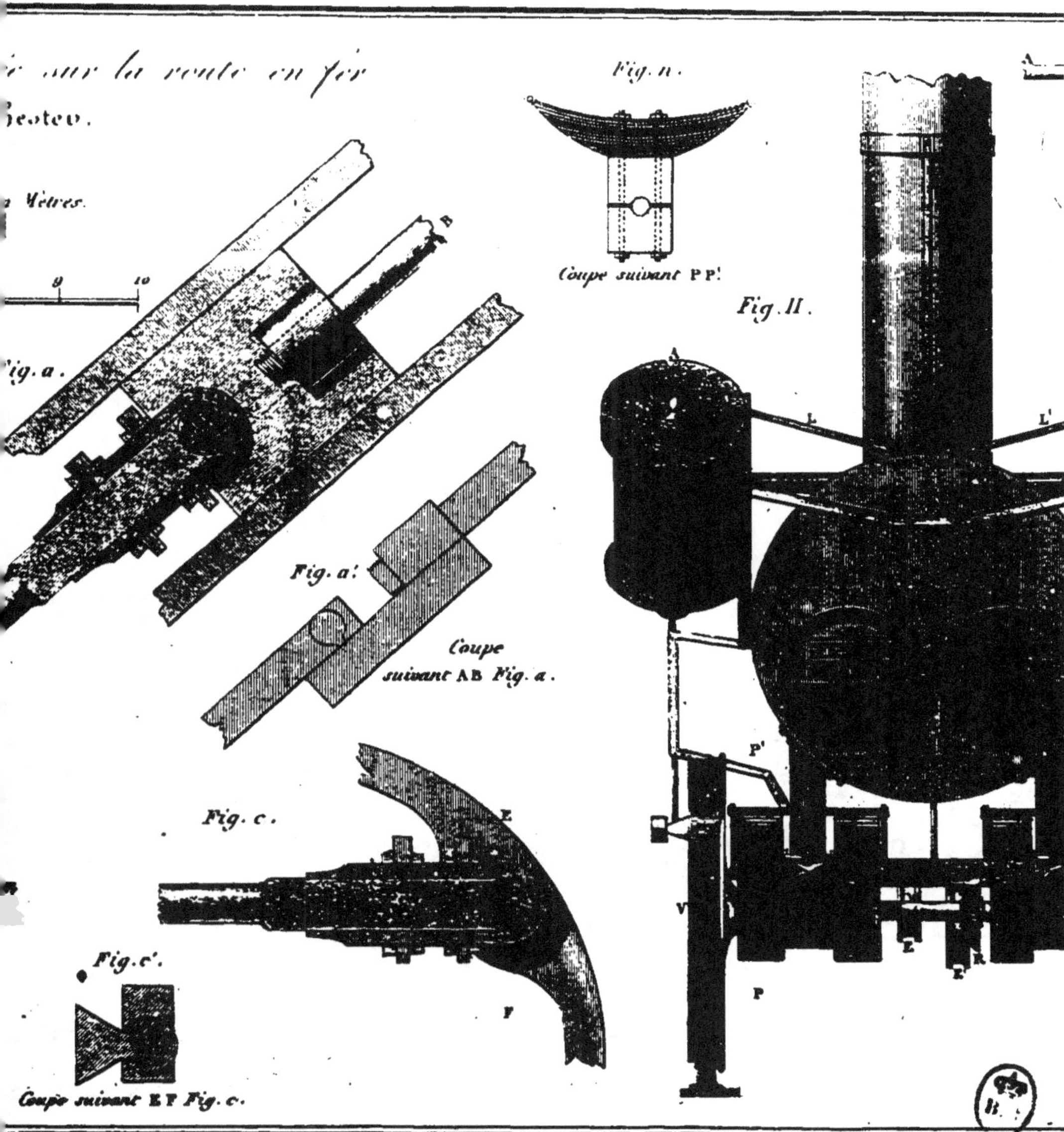
sur la route en fer
Bestev.
Mètres.
9   10
Fig. a.
Fig. a'.
B
Fig. n.
Coupe suivant P P'.
Fig. II.
A
L   L'
P'
V
P
Coupe suivant AB Fig. a.
Fig. c.
E
F
Fig. c'.
Coupe suivant E F Fig. c.

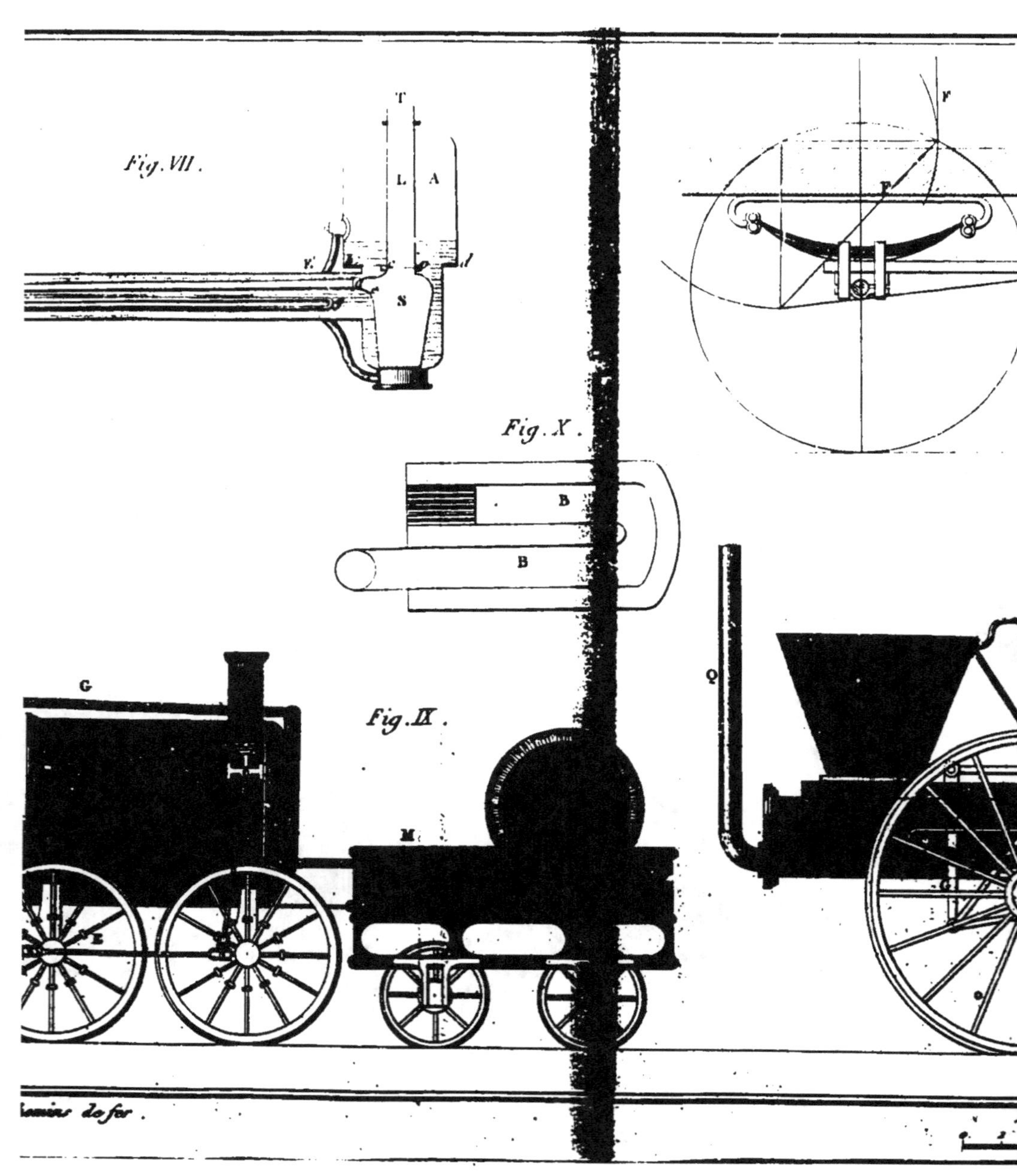

Fig. VII.
T
L   A
S
Fig. X.
B
B
Fig. IX.
G
M
Q

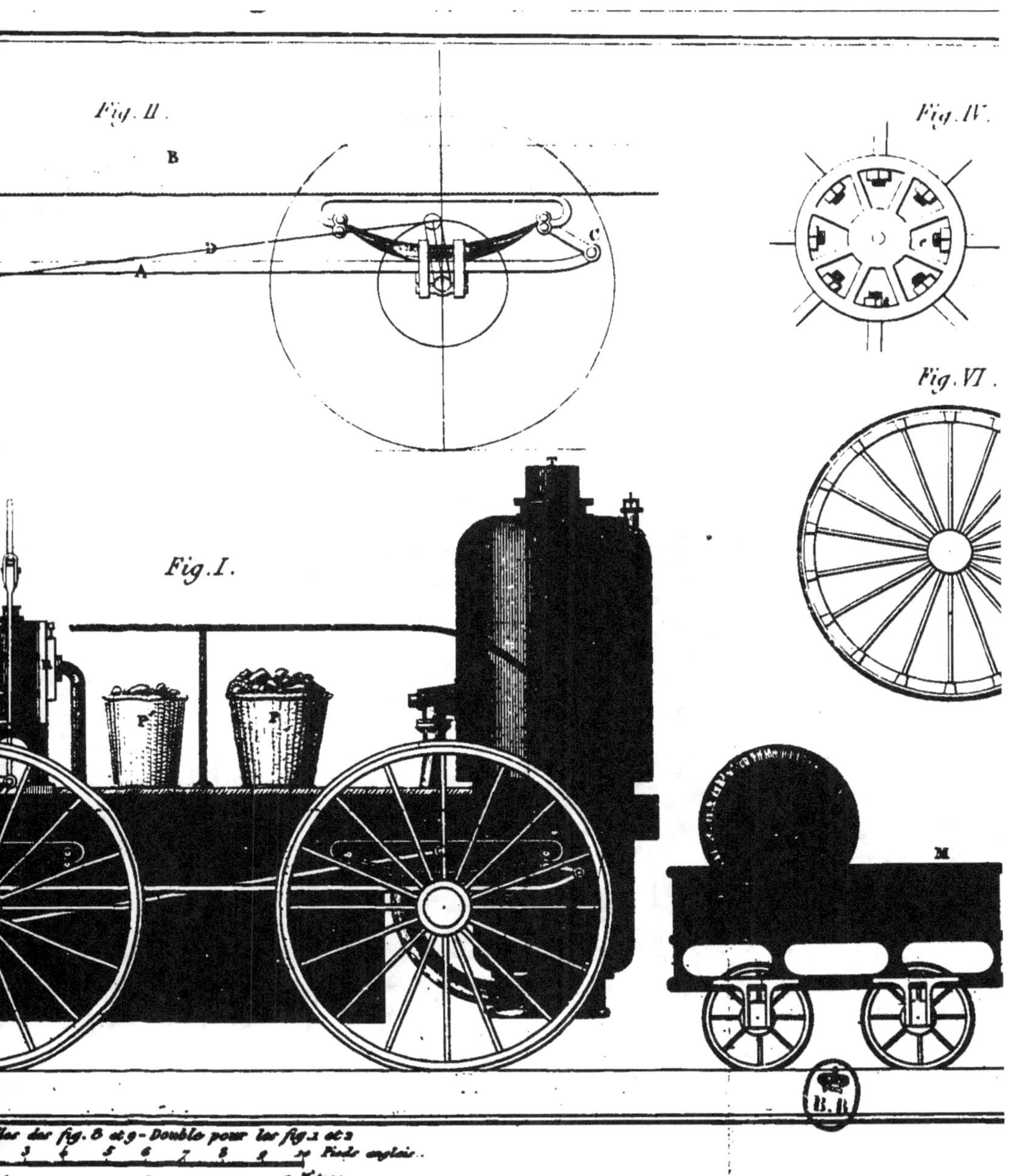
Fig. II.
B
A
D
C
Fig. IV.
Fig. VI
Fig. I.
P
P
M
B.B
Mlles des fig. 8 et 9 - Double pour les fig. 1 et 2
3   4   5   6   7   8   9   10 Pieds anglais.

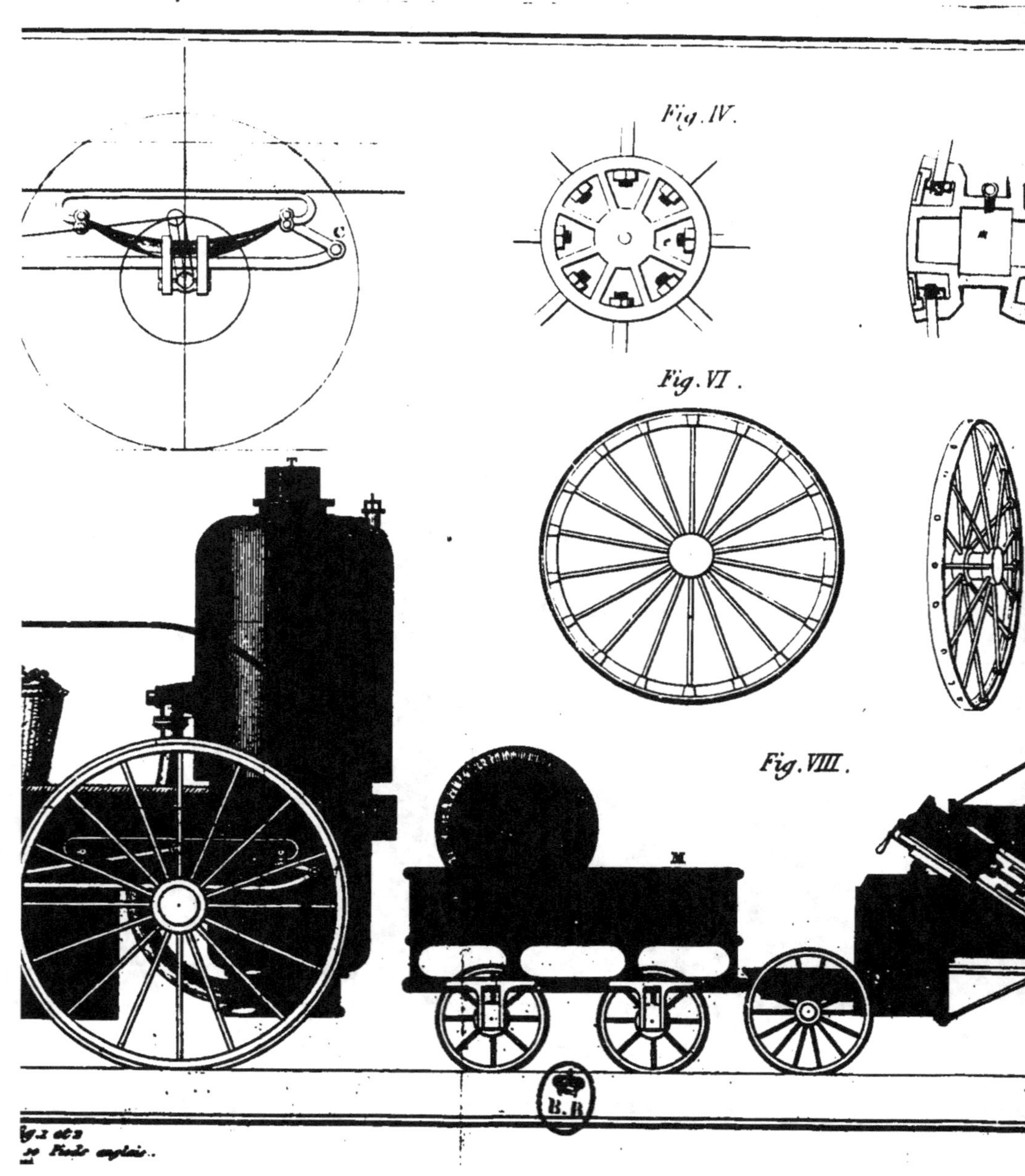
Fig. IV.
Fig. VI.
Fig. VIII.
C
M
B.R